Amedeo Pitzoi

LO SPETTACOLO UTILE
L'origine della divulgazione

Copyright © 2023 Amedeo Pitzoi

Tutti i diritti riservati.
Riproduzione vietata ai sensi di legge
(art. 171 della legge 22 aprile 1941, n. 633)

Prima edizione giugno 2022

Indice

Introduzione 5

1. Il problema del linguaggio 9

   Cicerone e il greco, 9. – *La scienza in greco*, 14. – *Dal greco all'arabo...*, 18. – *... Dall'arabo al latino*, 22.

2. Un cambio di paradigma 27

   La rivoluzione di Copernico, 28. – *Il ritardo dell'eliocentrismo*, 36. – *L'autorità giudica Giordano Bruno*, 39.

3. La prima comunità scientifica 43

   L'Accademia dei Lincei, 43. – *Galileo e il linguaggio*, 49. – *Come Galileo usava l'anamnesi*, 51. – *Anche Galileo condannato*, 56.

4. L'origine della *peer review* 59

   L'autorità in Francia, 60. – *La Royal Society*, 61. – *Il* Journal des Savants, 67. – *Le* Philosophical Transactions, 72.

5. LA FINE DELL'AUTORITÀ 79
   La pluralità dei mondi, 79. – *Come usare le metafore*, 84. – *Newtonianismo per le dame*, 90. – *Il libro e lo spettacolo*, 104.
6. GLI IMPRENDITORI SCIENTIFICI 115
   L'almanacco di Benjamin Franklin, 116. – *I fratelli Chambers*, 126. – *Il* Penny Magazine, 137.
7. UN'ALTRA LUNGA RIVOLUZIONE 143
   La giovinezza di Darwin, 144. – *Lo scandalo dell'evoluzionismo*, 149. – *Come Darwin ebbe l'idea*, 158. – *Il dibattito di Oxford*, 165. – *L'opinione pubblica su Darwin*, 180. – *Chi ha scritto* Vestiges?, 191.
8. SUCCESSI E FALLIMENTI 197
   Gli inizi di un editore, 198. – *L'origine di* Nature, 201. – *Le altre riviste scientifiche*, 208. – *Il darwinismo in Europa*, 212. – *Tissandier, aeronauta ed editore*, 217. – *Treves, il primo editore di una nazione*, 224. – *Come* Nature *si salvò*, 232.

CONCLUSIONE 241
CRONOLOGIA 245
BIBLIOGRAFIA 251
CREDITI PER LE IMMAGINI 265

Introduzione

Questa è la storia dell'origine della divulgazione scientifica in Europa e dei suoi metodi, soprattutto a partire dal 1600 fino alla fine del 1800.

Nel corso di mezzo millennio sono avvenute tre grandi rivoluzioni scientifiche, quelle di Copernico, Newton e Darwin. Scienziati e scrittori diffusero queste teorie in modo diverso e il pubblico non sempre accettò ciò che dicevano. La scienza, nel passare dall'autorità monolitica di Aristotele alla comunità scientifica internazionale, abbandonò anche il latino in favore delle lingue nazionali, per poi unirsi nuovamente nell'inglese.

La mia analisi si è limitata alle opere pubblicate in italiano, francese, e inglese, con poche eccezioni quando ho potuto trovare traduzioni di altre opere, come ad esempio estratti dal primo numero della rivista tedesca *Die Natur*. La maggior parte delle opere qui citate, essendo ormai vecchie di secoli, sono di pubblico dominio, per cui è possibile cercarle in rete e leggerle interamente e gratuitamente, alcune anche in traduzione.

Questo non vuole essere un libro di storia: mi sono preso alcune libertà narrative evidenti. La più importante riguarda il dibattito di Oxford, di cui non esistono trascrizioni ma che ho ricostruito in modo fittizio a partire da due articoli di giornale scritti dai due partecipanti alcuni mesi prima del fatto, interpolandoli per farne un dialogo.

Le vicende narrate, ad eccezione di quelle relative a Benjamin Franklin, si svolgono per la maggior parte in alcune città d'Europa e Medio Oriente che ho raccolto in una mappa (Fig. 1).

Questo libro è una pubblicazione indipendente. Se lo trovate utile e volete che ne scriva altri, fatelo conoscere a qualcun altro che potrebbe trovarlo interessante.

Settembre 2021 – Maggio 2022

INTRODUZIONE

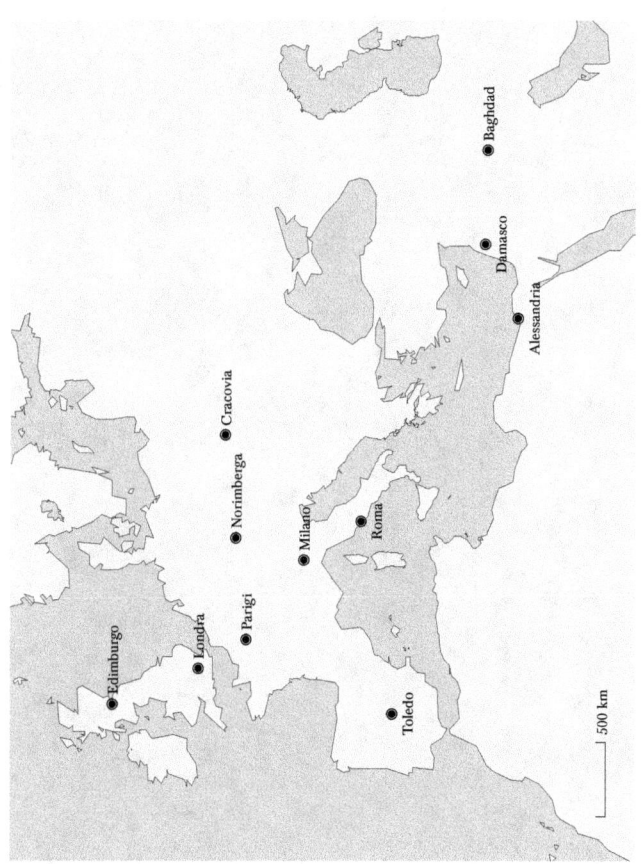

Figura 1. Le città più importanti di questa storia.

1.
Il problema del linguaggio

Quando si parla di divulgazione non deve sembrare strano che ci si ponga il problema di quale lingua usare per farla, perché, anche se può non essere ovvio per chi sa l'inglese come lingua madre, non sempre la scienza viene raccontata nella stessa lingua del pubblico. Anzi, raramente lo è, perché gli scienziati spesso usano parole con un significato diverso, o hanno addirittura parole specifiche per ciò di cui parlano, chiamate tecnicismi, che devono essere spiegate.

In antichità, la conoscenza scientifica passò di lingua in lingua, con il rischio di essere fraintesa o addirittura persa.

Cicerone e il greco

Nell'antica Roma, chi sapeva padroneggiare l'arte di parlare in pubblico aveva una grande influenza politica. Marco Tullio Cicerone l'aveva imparata da giovane e da adulto scelse di mettere il suo talento al servizio della sua amata democrazia romana. In tribunale, Cicerone denunciò i crimini di Verre, che rubava denaro dalle casse pubbliche quando era governatore della Sicilia. In senato, svelò il piano di Catilina, un aristocratico decaduto che tramava per diventare dittatore. Ma non riuscì a fermare l'ascesa di Giulio Cesare, che scatenò una guerra civile e riuscì a diventare dittatore. Cicerone, un democratico, non era più ammesso tra gli altri senatori.

Fu tagliato fuori dalla vita pubblica, o *negotium*, come la chiamavano i cittadini romani. Ma Cicerone poteva sempre mettere in pratica le sue abilità retoriche nel suo *otium*, ovvero il tempo libero che le persone colte dedicavano allo studio. Durante le giornate trascorse nella sua lussuosa villa nel Sud Italia, leggeva e scriveva libri di retorica, di cui era esperto, e di filosofia, che desiderava imparare da autodidatta. Era un modo indiretto per partecipare di nuovo alla vita pubblica da cui era stato costretto a stare formalmente lontano.

Dopo la sconfitta politica, dovette affrontare un'altra profonda disgrazia. La figlia Tullia, trentenne, si era sposata, ma divorziò presto e tornò nella casa del padre, incinta. Lì morì dopo aver dato alla luce il figlio. In un sol colpo, Cicerone perse una figlia e divenne nonno.

Il suo dolore durò mesi. Non riuscì a sopportare nemmeno i suoi migliori amici che cercavano di consolarlo. L'unica cosa che poteva fare era continuare a studiare, "non per trovare un rimedio duraturo", come scrisse in una delle sue lettere, "ma un breve oblio del dolore".

Si diede il compito di scrivere un altro libro e decise di mettere per iscritto tutto ciò che aveva imparato sulla filosofia. A quel tempo, la lingua della filosofia era il greco, come oggi l'inglese è la lingua della scienza. A Roma, però, non tutti conoscevano il greco: solo gli aristocratici come Cicerone lo conoscevano. Egli aveva in mente di parlare della filosofia greca nella sua lingua madre, il latino; ma era una cosa che solo il poeta Lucrezio aveva tentato di fare prima di lui, trattando la teoria degli atomi del filosofo Epicuro nel suo lungo poema *De rerum natura* ("La natura delle cose"). Ma perfino lui aveva incontrato troppa fatica per incoraggiare qualcun altro a fare qualcosa di simile. "Non mi sfugge la difficoltà di trattare le oscure scoperte dei greci", dice il poeta, "sia per via della povertà della nostra lingua sia per la novità dell'argomento". Il motivo di questo impaccio era anche dovuto al fatto che Lucrezio si ostinava a non adoperare tecnicismi greci. Tra le parole evitate c'era anche proprio *átomos* (ἄτομος), un composto di alfa privativo *a* + *tomós* derivato dal verbo *témno* "tagliare"; perciò "atomo" vuol dire "qualcosa che non si può tagliare". Poiché non era un termine latino, Lucrezio temeva non si capisse, e ricorse ad altri nomi latini per parlare degli atomi, come *corpora* "corpi", oppure *semina* "semi".

C'erano anche dei critici della filosofia fatta in latino, che non pensavano che avesse molto senso. Chi non conosceva il greco, dicevano, non era molto interessato alla filosofia, e chi lo era, probabilmente l'aveva già letta in greco.

Ciononostante, Cicerone terminò il suo libro, intitolandolo *De finibus bonorum et malorum* ("I limiti del bene e del male"). Nell'incipit, l'oratore risponde a questi dubbi: "Al contrario, penso che d'ora in poi chi non sa il greco si interesserà alla filosofia perché potrà finalmente leggerla nella sua lingua; gli altri saranno contenti di vedere confermato ciò che già sanno".

Il libro è scritto sotto forma di un dialogo in cui compare lo stesso Cicerone. Nella sua villa ospita alcuni amici e insieme discutono della questione: "Qual è il bene più grande?".

Uno degli ospiti, Torquato, è un sostenitore di Epicuro, che sosteneva che il piacere è il bene più grande.

Allora Cicerone gli chiede: "Per favore, definisci il piacere".

Torquato si stupisce. "Chi non sa cosa sia il piacere?".

"Io dico che Epicuro non lo sa".

"È buffo! Colui che pensa che il piacere sia il bene supremo ignora cosa sia il piacere!".

"Dimmi: c'è un piacere nel bere quando si ha sete?"

"Certo."

"È lo stesso piacere che si prova quando si spegne la sete?".

"No: il primo è un piacere crescente, il secondo è stabile".

"Allora perché chiamate con lo stesso nome due cose completamente diverse?".

"C'è forse un piacere più grande dell'assenza di dolore, come dice Epicuro?"

"Tutti chiamano la sensazione piacevole dei sensi *hedoné* in greco (ἡδονή), *voluptas* in latino. Non siamo noi a non capire il significato di questa parola; è Epicuro che la usa a modo suo, trascurando il nostro. E dopo un lungo dibattito, Cicerone conclude:

"Ciò che nessuno ha mai chiamato piacere, lui lo chiama così; di due cose distinte, ne fa una sola".

Come vediamo, Cicerone affronta il problema del linguaggio in modo diverso da Lucrezio, non evitando ma citando il tecnicismo greco, per poi fornire un equivalente latino. A volte, poiché la parola equivalente manca, l'autore deve inventarne direttamente una nuova: è il caso della parola greca *ousía* (οὐσία), un derivato del verbo "essere", per il quale Cicerone inventa la parola *essentia* "essenza", un termine ancora oggi in uso. Le parole nuove come questa sono difficili da inventare e di solito hanno bisogno di un inventore eminente come Cicerone per essere davvero utilizzate da altri; ma quando questo succede, esse possono essere utili.

La scienza in greco

Dopo l'esperimento di Cicerone, nessun altro tentò più di scrivere la filosofia greca in latino. Queste due lingue finirono per diventare due lingue scientifiche distinte nelle rispettive regioni dell'Impero romano: il latino in Occidente, il greco in Oriente.

Tutti i libri più importanti scritti in greco finirono per essere raccolti nella grande biblioteca di Alessandria d'Egitto. Come conseguenza positiva, gli scienziati che vivevano in quel luogo potevano trarre vantaggio da tutta quella conoscenza conservata in un unico luogo.

Soprattutto gli astronomi fecero progressi molto significativi nel loro campo.

Nell'antichità, infatti, l'unico ad aver descritto in dettaglio la struttura dell'universo era Aristotele, il quale riteneva che la Terra fosse al centro dell'universo e che il Sole e gli altri pianeti orbitassero intorno ad essa. Tuttavia, non si preoccupò mai di dimostarre ciò che descriveva con prove o calcoli.

Di questo compito si fece carico l'astronomo Claudio Tolomeo, quasi sette secoli più tardi. Per 15 anni, Tolomeo osservò il cielo di notte, al tramonto e all'alba; prese nota dei movimenti dei pianeti, misurandone le distanze e disegnandone le orbite. Il suo unico strumento era l'occhio nudo. Mentre procedeva in questa impresa, Tolomeo non poté fare a meno di notare che quanto scritto dal grande filosofo greco era tutt'altro che perfetto.

Il pianeta Marte, ad esempio, aveva uno strano comportamento. Per la maggior parte del tempo si muoveva verso est, come era prevedibile; ma a volte, durante l'anno, faceva un'inversione a U ed andava all'indietro, proseguiva verso ovest per alcune settimane, e poi di nuovo invertiva la rotta, tornando al suo percorso originale verso est.

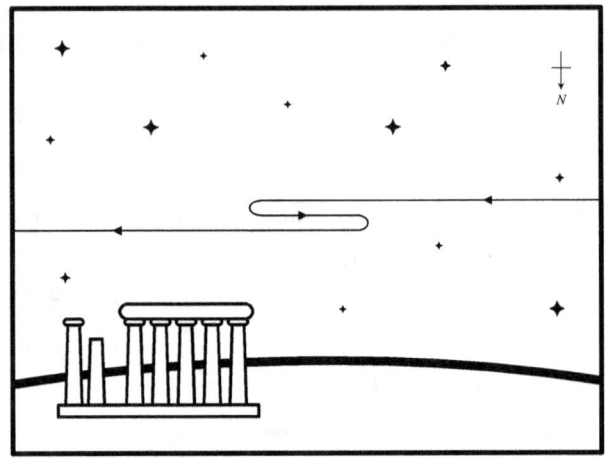

Figura 1.1. Lo strano movimento del pianeta Marte.

Questo non sarebbe successo se Marte avesse ruotato intorno alla Terra seguendo una semplice orbita. Tolomeo dovette cercare di spiegare questo fenomeno e fu costretto ad apportare alcune correzioni al rigido schema pensato da Aristotele. Scoprì che altri due astronomi, Apollonio e Ipparco, avevano trovato una spiegazione a questo fenomeno. Secondo loro, il pianeta Marte, pur orbitando intorno alla Terra, seguiva contemporaneamente un altro percorso circolare, un'orbita secondaria chiamata *epiciclo* (in greco "orbita sopra un'orbita"). Poiché gli epicicli risolvevano il problema, Tolomeo li utilizzò per completare il suo modello.

IL PROBLEMA DEL LINGUAGGIO

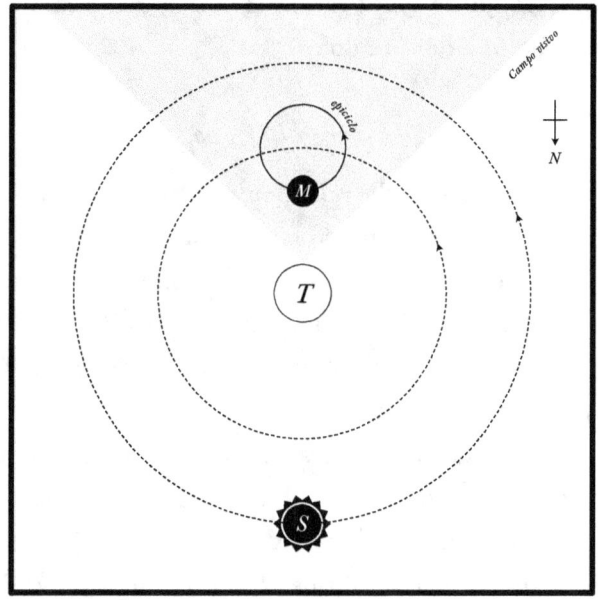

Figura 1.2. Un epiciclo nel modello tolemaico.

Così si spiegava il movimento di Marte: quando il pianeta era lontano dalla Terra (nella parte esterna dell'epiciclo) si muoveva normalmente; quando era vicino (nella parte interna dell'epiciclo), si muoveva all'indietro.

Fu un lavoro lungo. Il risultato fu un trattato che traduceva in numeri e schemi ciò che Aristotele aveva descritto solo a parole qualche secolo prima. Il libro di Tolomeo, scritto in greco, si intitolava semplicemente *Trattato matematico* e sarebbe diventato il più importante libro di astronomia dell'antichità, fino alla fine del Medioevo.

Dal greco all'arabo...

Nel frattempo, al di fuori dell'Egitto, la lingua greca divenne sempre meno conosciuta, finché, con la caduta dell'Impero romano, fu definitivamente dimenticata. Con la lingua, anche tutti i libri scritti in greco caddero nell'oblio; nemmeno Aristotele fu risparmiato dalla stessa sorte.

L'unico suo libro sopravvissuto fu un trattato di logica intitolato *Organon*, "Lo strumento", tradotto in latino dal filosofo Boezio.

Nella traduzione di questo libro compare per la prima volta nella storia la parola "scientifico". Nella versione originale dell'*Organon*, Aristotele affermava che lo scopo principale della logica è "costruire la conoscenza", cioè che le sue argomentazioni sono messe insieme con coesione, come i mattoni di un edificio. Quando Boezio dovette tradurre questo passo, inizialmente utilizzò l'espressione *facientem scire*, che in latino significa "costruire la conoscenza". Per abbreviare la traduzione, creò poi un aggettivo: *scientificus* "scientifico", un termine che non esisteva nel latino classico, formato dalla parola *scientia* "conoscenza" e dal suffisso *-ficus*, derivato dal verbo *facere*, che significa "costruire".

Quindi, la parola "scientifico" significa "qualcosa che costruisce conoscenza".

Boezio avrebbe voluto tradurre tutti gli altri testi di Aristotele, ma essendo impegnato anche in politica entrò in conflitto con l'imperatore Teodorico, che lo imprigionò e lo fece giustiziare prima ancora che potesse iniziare il suo progetto.

Il latino e il greco sarebbero rimasti indefinitamente separati se un'altra lingua non li avesse uniti. Questa lingua si rivelò essere l'arabo.

Durante il Medioevo, la lingua araba si diffuse in Occidente grazie alla grande espansione del califfato islamico avvenuta poco dopo la caduta dell'impero romano. Dopo la morte di Maometto, tre califfi governarono la comunità musulmana e i suoi territori per trent'anni. Poi si scatenò una guerra civile per la successione tra Ali, cugino del profeta, e Mu'awiyah, capo di una delle famiglie musulmane più influenti, gli Omayyadi.

Alla fine Ali fu assassinato e gli Omayyadi salirono al trono, governando il califfato per i successivi cento anni. Sotto il loro regno conquistarono tutte le regioni della costa meridionale del Mediterraneo che prima erano sotto la protezione di Roma, fino alla Spagna, che fu poi ribattezzata Al Andalus.

Per gestire tutti questi territori, gli Omayyadi scelsero una capitale per il loro impero: Damasco, in Siria.

La storia di Damasco è la storia di una città contesa tra Oriente e Occidente. Damasco è nata da un'oasi nel deserto; Alessandro Magno l'aveva conquistata e da allora si erano insediate popolazioni di lingua greca. Poi arrivarono i Romani e costruirono un tempio a Giove, che in seguito i cristiani trasformarono in una cattedrale che ospitava la reliquia di Giovanni Battista. Quando infine gli Omayyadi vi si trasferirono, costruirono intorno a quel tempio una moschea che è ancora in uso oggi.

Quando gli Omayyadi regnavano a Damasco, i cristiani di lingua greca vivevano accanto ai musulmani. Gli studiosi persiani erano molto interessati ai testi greci che avevano trovato, lasciati lì dai tempi della dominazione di Alessandro. Così, per comprenderli meglio, li tradussero nella loro lingua.

Tuttavia, non tutti pensavano che l'espansione in Occidente avesse portato solo benefici. Alcuni aristocratici musulmani notarono che molti nuovi cittadini si convertivano all'Islam solo per evitare le tasse e incolparono gli Omayyadi perché avevano permesso che ciò accadesse. Uno dei capi, Al Abbas, sostenne che la sua famiglia discendeva da quella del Profeta e le altre famiglie lo proclamarono nuovo califfo. Per evitare di essere ucciso in un'altra guerra civile, l'ultimo califfo degli Omayyadi dovette fuggire via, ad Al Andalus, dove la sua famiglia avrebbe potuto continuare a governare.

Sotto il regno dei successori di Al Abbas, gli Abbasidi, il califfato entrò in una nuova era. Per distinguersi dai loro predecessori, gli Abbasidi spostarono la capitale dell'impero. Si spostarono da Damasco verso est e, una volta trovata una piccola città chiamata Baghdad, situata sulla costa del fiume Tigri, decisero di farne la loro sede. Per prima cosa, costruirono tre mura concentriche e circolari intorno alla città e vi lasciarono quattro porte rivolte verso i quattro angoli dell'impero. Il loro palazzo era al centro delle mura e dal palazzo alle porte c'erano quattro strade che dividevano la città in quartieri. Baghdad, ora rinata, fu ribattezzata Città della Pace.

Sotto il regno degli Abbasidi, Baghdad crebbe in popolazione e ricchezza, guadagnando la fama di città più ricca del mondo. Ma i califfi abbasidi volevano che il loro regno fosse anche una potenza culturale. Così, all'interno delle mura di Baghdad fondarono una biblioteca chiamata Bayt al Hikma, la "Casa della Sapienza", dove raccolsero tutti i libri greci e persiani che un tempo si trovavano a Damasco.

Gli studiosi di Baghdad si riunivano nella biblioteca e si interessavano a tutta quella conoscenza. Leggere i libri, però, non era molto pratico, perché alcuni erano scritti in persiano, altri in greco. Cominciarono a pensare di poterli avere tutti in un'unica lingua, così iniziarono a tradurli. Fu uno sforzo che richiese cento anni, ma alla fine gli studiosi musulmani riuscirono a tradurre tutti i libri in arabo.

Uno di questi era il *Trattato* di Tolomeo. Ora scritto in arabo, prese il nome di *Almagesto*, che è un misto di greco e arabo e significa "Il grandissimo" (sottinteso "Trattato").

Molte copie dell'*Almagesto* si diffusero lungo tutti i confini del califfato, fino ad Al Andalus.

... *Dall'arabo al latino*

Gli Omayyadi rinnegati avevano governato su Al Andalus per tre secoli, ma erano soliti lasciare che ogni città della penisola fosse autonoma. I cittadini di Toledo erano infatti scontenti di pagare le tasse al governo musulmano e quando alla fine il re cristiano Alfonso IV offrì loro la sua protezione si arresero immediatamente. Alla fine, il potere dei califfi stava per svanire in Spagna.

A Toledo le culture cristiana e islamica si incontrarono di nuovo, come un tempo a Damasco. I musulmani avevano portato molti libri arabi dall'altra parte dell'impero e li avevano conservati nella biblioteca della città.

Molto tempo dopo il regno di Alfonso IV, il successore Alfonso X regnò a Toledo. Era un re molto colto che incoraggiava gli studiosi di tutta Europa a venire a studiare nella sua città.

Uno di loro era l'italiano Gerardo da Cremona, che venne a Toledo perché pensava di trovarvi un libro di cui aveva veramente bisogno. Nella sua città natale (non troppo lontana da Milano), Gerardo aveva studiato su tutti i libri di latino che riusciva a trovare. Un giorno scoprì l'esistenza di un libro di astronomia che dava le misure dell'universo descritto da Aristotele. Si trattava dell'*Almagesto* di Tolomeo. Gerardo lo cercò dappertutto, ma non riuscendo a recuperarlo pensò che non esistesse ancora una traduzione in latino. In realtà, si sbagliava: ne esisteva già una in Sicilia, ma Gerardo non poteva nemmeno immaginarlo, perché la biblioteca di Toledo era molto più famosa. Così, si imbarcò subito per la Spagna.

Una volta a Toledo, trovò l'*Almagesto*. Ma c'era un problema: era scritto in arabo, come tutti i libri di Toledo. Gerardo non si arrese e imparò l'arabo proprio per tradurre quel testo. Anzi, si impegnò a tal punto da tradurre non solo quello, ma anche molti altri libri in arabo. Fu il traduttore più prolifico dell'epoca, e dopo di lui altri studiosi avrebbero continuato il suo lavoro.

Alla fine, Gerardo completò una copia latina dell'*Almagesto*. Tuttavia, anche se aveva dedicato molta cura alla sua traduzione, non poté evitare alcuni errori dovuti all'elevata difficoltà del trattato. Infatti, i numeri arabi non erano ancora diffusi in Europa; Gerardo li aveva appresi dai Mori, i musulmani dell'Occidente, ma il testo arabo da cui stava traducendo proveniva dall'Oriente. Ciò ha causato alcuni errori. Ad esempio, il segno س (shin) aveva il valore di 60 in Oriente, mentre in Occidente aveva il valore di 300. Gerardo non poteva saperlo, quindi nella sua traduzione tutte le stelle che nella realtà hanno una latitudine di 60 furono spostate a una latitudine di 300. Gerardo non era nemmeno un astronomo, quindi non riuscì a notare che c'era qualcosa di strano in quelle coordinate. Gli errori rimasero, e gli astronomi impararono semplicemente a correggerli durante le loro osservazioni. Tuttavia, quella di Gerardo da Cremona fu la traduzione latina dell'*Almagesto* più utilizzata in Europa durante il Medioevo.

Dopo tutto questo, Alfonso X era molto orgoglioso del lavoro che aveva promosso. Per il suo impegno nella cultura, sarebbe stato ricordato come Alfonso il Saggio.

Più tardi nella sua vita promosse anche un altro progetto. Grazie alla nuova traduzione dell'*Almagesto*, gli astronomi del re poterono calcolare gli eventi astronomici futuri, che registrarono e inserirono in un libro: le Tavole Alfonsine. Anche se il re era il committente di quest'opera, la trovò davvero molto complicata. Si dice che, mentre sbirciava alle spalle dei suoi astronomi al lavoro, una volta avrebbe detto: "Se Dio mi avesse chiamato quando fece il mondo, avrei potuto dargli qualche buon consiglio!".

Figura 1.3. Prima edizione a stampa dell'*Almagesto* nella traduzione latina fatta da Gerardo da Cremona (Venezia, 1515).

2.

Un cambio di paradigma

Una volta che l'*Almagesto* fu disponibile in latino, rimase per secoli il principale testo di riferimento in astronomia. Durante il Medioevo, tutte le teorie di Aristotele furono studiate attentamente per via della loro antichità. Egli divenne l'autorità in ogni campo della scienza. Dante Alighieri scrisse addirittura che il grande filosofo greco era come un cavaliere, e tutti gli altri studiosi, come Tolomeo, erano come le maestranze che lo servivano prima della battaglia (il maniscalco, il fabbro, lo scudiero...).

In effetti, grazie all'*Almagesto*, gli astronomi potevano fare previsioni molto accurate sugli eventi futuri, e i marinai potevano navigare tranquillamente in mare senza perdere la rotta.

Aristotele e Tolomeo erano entrambi d'accordo sul fatto che la Terra sembrasse ferma e che gli astri si muovessero intorno ad essa. Copernico rifiutò questo presupposto, e invertì le posizioni del Sole e della Terra.

La rivoluzione di Copernico

Nicolaus Copernicus nacque a Toruń, un piccolo villaggio sul fiume Vistola, in Polonia. Suo padre era un ricco mercante, ma morì quando Nicolaus aveva ancora 10 anni e, poiché nessun altro poteva prendersi cura di lui, suo zio Lucas lo prese sotto il suo tetto.

Lucas era un eminente ecclesiastico e voleva che anche il nipote lo diventasse. Pagò per farlo studiare all'Università di Cracovia, allora capitale della Polonia. Gli studenti come Copernico provenivano da ogni parte del regno e parlavano lingue diverse, poiché la Polonia era stata parte della Prussia, una nazione di lingua tedesca che non esiste più. Per aiutare tutti a capire, i professori di Cracovia parlavano latino, non solo perché era la lingua internazionale dell'Europa, ma anche perché anche i libri di testo erano in latino.

Infatti, le lezioni consistevano nel leggere e commentare Aristotele in traduzione. Gli studenti dovevano frequentare anche se non erano molto interessati alla filosofia: a quel tempo, i corsi erano gli stessi per i primi tre anni, e solo negli ultimi anni si poteva scegliere tra le facoltà di medicina, legge o teologia. Copernico, che voleva solo diventare un chierico, iniziò a trovare l'università piuttosto noiosa.

Le cose cambiarono al terzo anno, quando un giorno, nel portico dell'università, un altro studente lesse ad alta voce una notizia incredibile: un marinaio italiano di nome Cristoforo Colombo aveva attraversato l'Oceano Atlantico e dopo soli 33 giorni era arrivato in India. Era una notizia meravigliosa; ma come molti altri, sentendola, Copernico iniziò a chiedersi se la Terra fosse davvero così piccola. In realtà non lo era, perché la terra scoperta da Colombo, come si scoprì in seguito, era in effetti l'America. Ciononostante, Copernico scoprì il suo interesse per l'astronomia.

Fortunatamente, l'astronomia veniva insegnata all'Università di Cracovia come parte della facoltà di medicina, perché all'epoca si riteneva che il movimento delle stelle influenzasse la salute umana. Questo oggi può sembrare strano, ma almeno così Copernico poté assistere alle sue prime lezioni di astronomia.

A quel tempo, l'*Almagesto* non era più l'unico riferimento per gli astronomi come lo era nel Medioevo. I professori non lo utilizzavano con i novizi come Copernico, perché troppo tecnico; piuttosto facevano riferimento a delle versioni abbreviate, chiamate *epitomata* ("riassunti" in greco). Inoltre, l'invenzione della stampa aveva reso accessibili molti altri strumenti tecnici, così Copernico poteva semplicemente acquistare a Cracovia una copia delle Tavole Alfonsine, un tempo disponibili solo a Toledo. Avrebbe sempre tenuto questo libretto con sé, studiandolo nel tempo libero.

Mentre cresceva in lui questo nuovo interesse per l'astronomia, si impegnava meno nelle altre lezioni. Avendolo notato, lo zio lo incoraggiò a recarsi all'estero per dare una nuova spinta alla sua carriera. Copernico volle recarsi in Italia, a Bologna, una città molto vivace e ricca di persone colte.

All'Università di Bologna le cose erano un po' diverse da Cracovia: le lezioni non erano in latino, ma c'erano diverse classi in molte lingue diverse. Cosa ancora più curiosa, a volte i professori davano lezioni agli studenti nelle loro case.

Copernico cercò di frequentare i corsi tenuti in tedesco, ma alla fine li abbandonò tutti quando si recò a casa dell'illustre professore di astronomia Domenico Maria da Novara. Frequentò tutte le sue lezioni e in seguito divenne suo assistente. Domenico Maria diede anche a Copernico un potente strumento per i suoi studi: gli *Epitomata dell'Almagesto* di Regiomontano, la migliore edizione esistente a quei tempi, appena stampata a Venezia. Il professore mise anche in guardia il suo allievo: quel sistema era talmente macchinoso che era improbabile che fosse vero.

Anche se rimase in Italia per soli tre anni, Copernico imparò molto in quel periodo della sua vita. Tuttavia, alla fine dovette tornare in Polonia. All'estero aveva conseguito una laurea in diritto canonico, così, una volta tornato in patria, avrebbe potuto diventare chierico. Aveva 30 anni.

Suo zio Lucas era soddisfatto, dopotutto. Nel frattempo, egli stesso era diventato vescovo nella città di Frombork. Voleva che il nipote fosse al suo servizio, in modo da poter guadagnare il proprio stipendio. Il suo compito era quello di riscuotere le tasse nei villaggi della contea e, di tanto in tanto, prestava servizio come medico, mettendo in pratica quel poco che aveva imparato in medicina all'università. Una volta dovette persino prendersi cura di Lucas quando si ammalò.

Questo sarebbe stato il lavoro quotidiano di Copernico per il resto della sua vita. L'astronomia era infatti la sua occupazione nel tempo libero, un po' come Cicerone aveva fatto con la filosofia. Copernico faceva le sue osservazioni nel cielo notturno dall'alto della torre più alta della cattedrale di Frombork, dove lavorava durante il giorno. I suoi strumenti erano per lo più semplici righelli e tavole. Può sembrare strano, ma in realtà Copernico non ebbe mai un telescopio, perché non era ancora stato inventato.

Copernico iniziò a leggere attentamente gli *Epitomata dell'Almagesto* e, come molti altri astronomi prima di lui, si rese conto dei problemi del sistema creato da Tolomeo. In particolare, gli epicicli che aveva aggiunto erano davvero molto ingombranti e contrastavano con l'idea di perfezione che Copernico aveva in mente. Iniziò a prendere nota di tutte le sue osservazioni in un piccolo quaderno.

Disegnò anche alcuni schemi dell'universo come descritto da Tolomeo e poi iniziò a rimuovere alcune orbite e a disporre i pianeti in un ordine diverso e molto più semplice. In particolare, ebbe difficoltà con l'orbita della Terra e del Sole: si incrociavano sempre con l'orbita di Marte, e questo non era l'ideale. Alla fine scoprì che, ponendo il Sole al centro e la Terra intorno ad esso, si ottenevano nove cerchi perfetti che non si incrociavano mai. Il movimento di Marte (p. 15) era allora dovuto al fatto che entrambi i pianeti si muovono come due corridori su due percorsi diversi di uno stadio: la Terra inizialmente insegue Marte, quindi Marte all'orizzonte avanza, ma quando la Terra supera Marte, Marte sembra andare indietro, perché la Terra se lo lascia alle spalle. E poi, dalla parte opposta dello stadio, da lontano si vede Marte avanzare di nuovo.

Questa era la spiegazione: invertendo ciò che Aristotele aveva originariamente pensato, Copernico trovò la soluzione agli epicicli. I suoi appunti si moltiplicarono durante i 30 anni in cui questo problema occupò i suoi pensieri. Oggi, una delle uniche tre copie superstiti di questo quaderno si trova a Vienna, presso la Biblioteca Nazionale. È chiamato *Commentariolus* (in latino "Piccolo commentario"). Si tratta della prima bozza del sistema eliocentrico pensato da Copernico, scritta di suo pugno.

Copernico, ormai sessantenne, aveva fatto grandi progressi nella sua competenza astronomica. Così, una volta scritte tutte le sue teorie, decise che era il momento giusto per acquistare la sua prima edizione completa personale dell'*Almagesto*, che fino ad allora aveva letto solo in parte. Tornato a casa, iniziò a sfogliare le pagine del grande volume e rimase effettivamente un po' scioccato da quanto fosse tecnico. Era convinto che il suo piccolo *Commentariolus* fosse sufficiente a rivoluzionare l'astronomia. Non che fosse un problema: aveva già annotato tutti i numeri e le misure, ma li aveva tenuti separati. Così si rimise al lavoro; prese a modello l'*Almagesto* e iniziò a scrivere un trattato più dettagliato, questa volta fornendo tutti i dati.

Copernico scrisse anche in latino fin dall'inizio, in modo che tutti gli astronomi d'Europa potessero capirlo subito. Per questo motivo, il suo libro non avrebbe mai dovuto affrontare il problema delle molteplici traduzioni a cui andò incontro l'*Almagesto*.

Nel frattempo, egli parlò della sua teoria ai suoi amici del clero. Loro gli chiesero se volesse pubblicarla, ma Copernico sembrò essere stranamente riluttante all'idea. Perché allora scriveva così tanto?

In ogni caso, la teoria era così sorprendente che circolò da sola. Arrivò anche nelle sfere più alte del clero. Martin Lutero la sentì e disse che era una sciocchezza. Anche il papa la sentì, e invece era desideroso di saperne di più.

La voce suscitò l'interesse anche dei più giovani. Uno di questi era Joachim Rheticus, un brillante professore di astronomia di soli 25 anni. Era così affascinato che si recò a Frombork solo per incontrare Copernico di persona. I due divennero amici e Rheticus chiese addirittura a Copernico di poterlo aiutare nel suo lavoro. Questi lo accettò come apprendista, proprio come Domenico Maria da Novara aveva fatto con lui.

Lavorando insieme, Rheticus ebbe il privilegio di leggere i capitoli del libro che Copernico stava scrivendo, uno per uno, non appena li avesse terminati.

Il maestro si prendeva sempre più tempo; qualcuno iniziò persino a dubitare che temesse le critiche che sarebbero arrivate. Ma a differenza del suo autore, l'apprendista aveva molta più fretta di pubblicare il libro. Così lo aiutò ricontrollando tutti i calcoli e, grazie al suo intervento, il manoscritto fu pronto molto più rapidamente. Copernico gli permise finalmente di portarlo in tipografia.

Ma il testo non era un saggio ordinario: conteneva tabelle e schemi; doveva essere impaginato da una tipografia specializzata in pubblicazioni scientifiche, magari che avesse anche un certo prestigio. Rheticus conosceva il nome giusto: si chiamava Johannes Petreius, aveva la sua tipografia a Norimberga, una città lontana, fuori dalla Polonia. L'apprendista non poteva più aspettare: raccolse tutte le pagine del manoscritto in una borsa, prese il suo cavallo e cavalcò fino a Norimberga. Una volta arrivato, trovò la tipografia e incontrò Petreius. L'astronomo non poteva rimanere più a lungo in città, ed era riluttante ad affidare il prezioso lavoro al tipografo. Petreius lo tranquillizzò, presentandogli il suo assistente Andreas Osiander, un chierico che studiava astronomia. Sarebbe stato lui a fare il controllo finale. Rheticus accettò e lasciò i documenti nelle sue mani.

Mentre il libro veniva preparato, accadde qualcosa di terribile: Copernico ebbe un ictus. Non lo uccise, ma lo lasciò paralizzato a letto. Di certo non poteva più lavorare. La sua salute stava rapidamente peggiorando, così scrisse una lettera al Papa, presentandogli il suo libro. Prima che il libro fosse mandato alle stampe, chiese di stampare la lettera come prefazione.

Dopo alcuni mesi, il libro fu finalmente pronto. Rheticus tornò a Norimberga. Prese in mano la prima copia: il titolo era *De revolutionibus orbium coelestim* ("La rivoluzione delle sfere nel cielo"; 1543). Questo lo deluse: il suo maestro voleva che il titolo fosse solo *De revolutionibus*. Cancellò tristemente con la penna le parole in eccesso, ma non poté fare molto di più per le altre copie.

Poi, Rheticus tornò a Frombork portando il libro con sé, dal suo amico malato. Lo pose sul letto dove giaceva. Copernico aprì gli occhi e finalmente vide l'opera di tutta la sua vita.

Morì pochi mesi dopo.

Il ritardo dell'eliocentrismo

Il libro di Copernico non si diffuse immediatamente in Europa. La prima ragione era tecnica: egli costruì un sistema più semplice rispetto a quello di

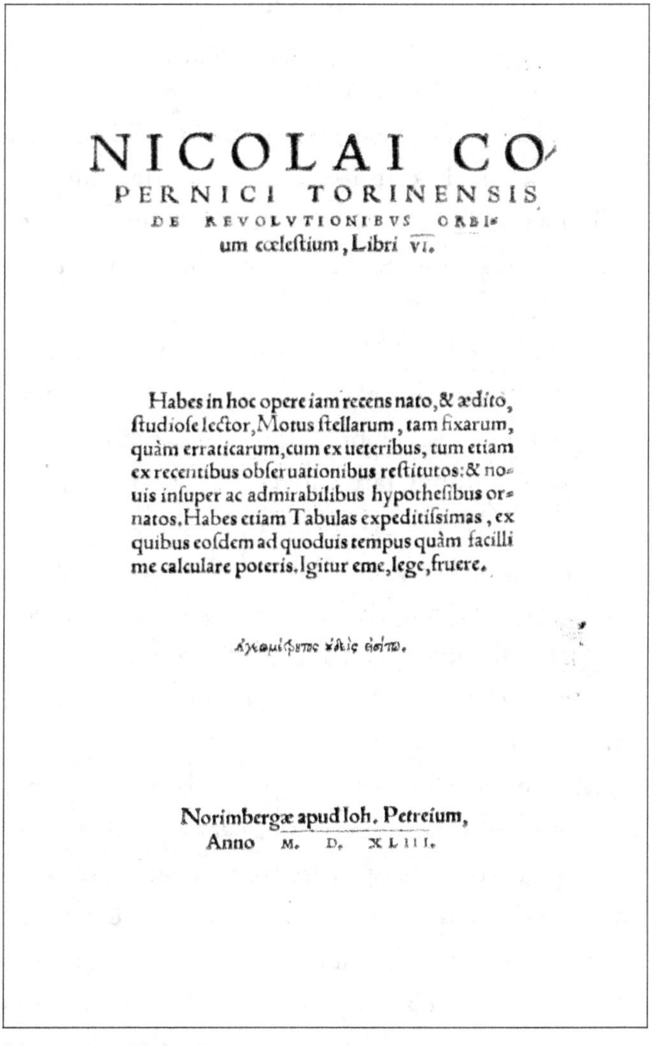

NICOLAI CO-
PERNICI TORINENSIS
DE REVOLVTIONIBVS ORBI-
um cœlestium, Libri VI.

Habes in hoc opere iam recens nato, & ædito, studiose lector, Motus stellarum, tam fixarum, quàm erraticarum, cum ex ueteribus, tum etiam ex recentibus obseruationibus restitutos: & nouis insuper ac admirabilibus hypothesibus ornatos. Habes etiam Tabulas expeditissimas, ex quibus eosdem ad quoduis tempus quàm facillime calculare poteris. Igitur eme, lege, fruere.

ἀγεωμέτρητος μηδεὶς εἰσίτω.

Norimbergæ apud Ioh. Petreium,
Anno M. D. XLIII.

Figura 2.1. Prima edizione a stampa di *De revolutionibus orbium coelestium* di Copernico (Norimberga, 1543).

Tolomeo, ma solo in apparenza. A ben guardare, era complesso come il suo predecessore. Per esempio, oltre alla rivoluzione intorno al Sole, Copernico sosteneva anche che la Terra ruotava su sé stessa e che ciò era la causa dell'alternarsi della notte e del giorno. Tutti questi movimenti erano in contrasto con l'impressione inconfutabile che la terra non trema.

Inoltre, nemmeno l'autore stesso ha sostenuto la sua idea quando era ancora in vita. Aveva sempre rimandato la pubblicazione del suo libro fino a quando era troppo tardi. Perché? Copernico spiega i motivi per cui ha aspettato così a lungo nella lettera al papa che apre il *De revolutionibus*. "Io stesso non amo così tanto la mia opinione da non preoccuparmi di come gli altri la giudicheranno", scrive, "ma dato che ero esitante e riluttante, i miei amici mi hanno dato una spinta".

Ma c'era anche un'altra ragione per il ritardo nella comprensione di *De revolutionibus*, e fu che per molto tempo anche gli astronomi che lo lessero credettero che la teoria fosse solo una teoria e non una descrizione fattuale dell'universo. Era scritto nel libro stesso, in un'altra prefazione che precedeva la lettera al papa. "L'autore di questo libro ha fatto un lavoro eccellente, ma non è necessario che queste ipotesi siano vere, purché forniscano un calcolo coerente con le osservazioni".

Quando Rheticus lesse quella frase, si indignò. Quelle non erano le parole di Copernico. Petreius non aveva cambiato solo il titolo, ma aveva anche aggiunto qualcosa che non era presente nel manoscritto. Quando chiese spiegazioni al tipografo, scoprì la verità. Non era stato Petreius a modificare il testo, ma il suo assistente. All'ultimo momento, poco prima della stampa, Andreas Osiander inserì nella bozza finale altre due pagine di suo pugno, ma non le firmò. La seconda prefazione è infatti anonima.

Probabilmente le intenzioni di Osiander erano nobili. Voleva che gli astronomi fossero di mente aperta verso ciò che avrebbero letto. Ma a causa del suo eccesso di cautela, molti credettero per molti anni che quelle fossero le parole dell'autore, Copernico, e che la sua teoria non fosse altro che un esercizio di ragione e geometria.

A causa di tutto ciò, il libro di Copernico rimase silente per circa 50 anni dopo la sua pubblicazione.

L'autorità giudica Giordano Bruno

Il primo a credere veramente in Copernico fu il filosofo italiano Giordano Bruno. Egli non solo capì ciò che Copernico aveva detto veramente, ma portò le sue parole all'estremo.

Nel suo libro intitolato *Cena de le ceneri* (1584) immagina un lungo dialogo tra alcuni amici che cenano insieme durante il Mercoledì delle Ceneri. Sarebbe stato uno scandalo se fosse successo davvero, perché quel giorno era un giorno di digiuno nella Chiesa cattolica.

In effetti, i partecipanti parlano di qualcosa di altrettanto scandaloso: mettono in discussione l'autorità di Aristotele. Quello che parla di più è Teofilo, che di fatto è una sorta di ambasciatore di Giordano Bruno, che viene solo citato nel libro ma non partecipa al dialogo. Teofilo dice che non ha senso che le idee di Aristotele siano considerate migliori solo perché sono antiche, perché ogni idea che ora è antica è stata nuova in passato. Le idee sono come la notte e il giorno: possono essere valutate solo in relazione l'una all'altra.

Poi cita Copernico ed elogia il suo lavoro, che merita lo stesso riconoscimento degli altri grandi astronomi, come Tolomeo. Attacca persino quell'"asino ignorante" che aveva allegato al libro quella ridicola prefazione senza il consenso dell'autore.

Ma aggiunge anche che c'è una cosa in cui Copernico ha fallito: egli stesso non ha colto il vero senso della sua scoperta. Poiché la Terra ruota intorno al

Sole, anche le altre stelle del cielo, che sono come il nostro Sole, possono avere dei pianeti intorno a loro. Alcuni di questi pianeti possono essere abitati come il nostro, quindi la Terra non è l'unico mondo.

Per spiegare meglio questo, Teofilo dice: "La luna non è nel cielo per noi più di quanto noi lo siamo per la luna". In questo detto, la prospettiva geocentrica è invertita anche nella disposizione delle parole, che segue uno schema incrociato chiamato chiasmo (luna : noi = noi : luna).

Tuttavia, quello non era ancora il momento giusto per diffondere idee del genere. Quando si trovava a Venezia, Giordano Bruno fu ospitato in casa di un aristocratico di nome Mocenigo e il filosofo gli parlò della pluralità dei mondi. Temendo di essere accusato di ospitare un eretico, Mocenigo denunciò il suo ospite alla Santa Inquisizione, un tribunale che perseguiva i crimini contro la religione.

Giordano Bruno fu arrestato e processato per eresia. Se la sua colpevolezza fosse stata provata, sarebbe stato messo a morte tra le fiamme.

Ma l'eresia era un reato molto complicato da perseguire, perché la legge prevedeva che fossero necessarie due prove: una prova concreta e una confessione, che molto spesso veniva ottenuta con la tortura.

Nel caso di Giordano Bruno, i giudici avevano entrambe queste prove, ma non potevano collegarle tra loro come eresia. Il filosofo, infatti, non ha mai negato quanto affermato nel suo libro, ma era sinceramente convinto che le sue idee non fossero eretiche. Quindi la confessione non era sufficiente per la condanna.

Giordano Bruno fu quindi inviato a Roma, dove i cardinali potevano forse gestire il suo difficile caso. Tra questi, c'era il cardinale Bellarmino, il più eminente cardinale di tutta la Chiesa cattolica. Per risolvere il caso, egli mise in atto una mossa astuta: scelse otto frasi da ciò che Giordano Bruno aveva scritto e le affiancò ad altre otto frasi scritte da alcuni filosofi cristiani che le contraddicevano. Così non c'erano più dubbi sull'eresia.

L'unica cosa che Giordano Bruno poteva fare per evitare la pena di morte era abiurare le sue idee. Abiurò, ma solo per alcune di quelle otto frasi. Per quelle restanti, chiese l'aiuto del papa, che gli fu negato.

Giordano Bruno fu condannato a morte e bruciato sul rogo.

3.
La prima comunità scientifica

La teoria di Copernico non fu subito accettata, se non da singoli pensatori come Giordano Bruno. Come abbiamo visto, però, questi fu travolto dall'autorità scientifica del suo tempo, anche perché era l'unico a credere nell'astronomo polacco.

Dopo la diffusione della notizia della sua condanna a morte, altri scienziati in Italia furono a loro volta affascinati da ciò che Copernico aveva scritto; così, sotto questo comune interesse, si riunirono e fondarono una comunità scientifica.

L'Accademia dei Lincei

La storia dell'Accademia dei Lincei è intrecciata alle vite di due dei suoi fondatori, Federico Cesi e Jan Van Heck.

Federico Cesi era figlio di una famiglia nobile di Rieti, non lontano da Roma. La sua famiglia aveva avuto il titolo e un pezzo di terra dal papa ed era molto amica del clero. Da giovane, Federico incontrò persino di persona il cardinale Bellarmino, colui che condannò Giordano Bruno. A volte si scrivevano lettere per questioni politiche.

Oltre ai suoi doveri di nobile, Cesi si interessò alle scienze naturali, in particolare alla botanica. Le studiò leggendo libri scientifici per conto proprio, e quello che lo colpì di più fu *Magia naturalis*, un'enciclopedia di scienze naturali scritta dall'italiano Giambattista della Porta. Il titolo può sembrare strano per un testo scientifico, ma il motivo è che qui il termine "magia" è usato in un senso molto più ampio: all'epoca la scienza esisteva solo come concetto vago, e poiché si trattava di scoprire le forze invisibili che governavano la natura, a volte veniva descritta con quel termine. Cesi lesse a fondo il libro di Della Porta e la maggior parte delle cose che sapeva sulla scienza le apprese da lì. Era infatti un libro molto apprezzato a livello internazionale, disponibile anche in tutte le principali lingue d'Europa.

Nel frattempo, dall'altra parte del continente, nei Paesi Bassi, Jan Van Heck nacque in una famiglia cattolica. Per loro era difficile rimanere lì, perché i cattolici erano perseguitati dai protestanti. Si trasferirono quindi in Italia, una nazione cattolica. Come Cesi, anche Van Heck scoprì la sua passione per la scienza durante l'adolescenza, e decise in seguito di intraprendere una carriera scientifica. Si laureò in medicina all'Università di Perugia e iniziò a esercitare la professione in un paese vicino a Rieti.

Lì c'era un farmacista, Raniero Casolini. Van Heck divenne presto ostile a quest'uomo, perché, secondo lui, non preparava le ricette in modo corretto. Un giorno, il medico olandese dovette somministrare a un suo paziente una delle preparazioni fatte da Casolini e, non appena si accorse che il farmaco non aveva l'effetto desiderato, accompagnò un parente del paziente in farmacia, per far preparare di nuovo la medicina. Non poté nemmeno controllare la preparazione perché il farmacista ebbe bisogno di soli 10 minuti per completarla. Van Heck sostenne che ci sarebbe voluta almeno un'ora, e i due uomini iniziarono subito a discutere. I due sarebbero presto venuti alle mani se i presenti non li avessero trattenuti.

Non finì così. Una sera, mentre Van Heck era a cavallo durante il lavoro, subì un'imboscata da parte di Casolini e di alcuni suoi servi, che lanciarono pietre contro il medico. Armato di spada, questi scese da cavallo e inseguì il capo della banda, che lanciò un'ultima pietra. Van Heck alzò il braccio armato per proteggersi e il colpo gli arrivò sul gomito. La spada cadde. Lui la raccolse con la mano sinistra e riprese l'inseguimento. Quando finalmente raggiunse Casolini, gli assestò un colpo secco alla testa, facendolo cadere a terra. Ancora una volta, la folla mise fine alla lotta, e le autorità arrestarono i due. Il farmacista morì pochi giorni dopo.

Van Heck fu processato per omicidio. Nel frattempo, Federico Cesi aveva saputo dell'incidente e ne era rimasto colpito. Volle incontrare Van Heck in carcere e gli offrì il suo aiuto: essendo un nobile, aveva una certa influenza in quella regione. Infatti, grazie al suo intervento, alla fine il giudice dichiarò Van Heck innocente.

Cesi e Van Heck divennero presto amici. Scoprirono anche i loro interessi comuni e ogni volta che si incontravano discutevano di scienza. In seguito, a questi incontri si unirono altri due scienziati, Francesco Stelluti e Anastasio de Filiis.

Cesi ebbe un'idea. La propose ai suoi colleghi: assieme sarebbero stati i quattro fondatori di una comunità scientifica. La loro società avrebbe avuto case ai quattro angoli del mondo e in quelle case gli scienziati avrebbero vissuto insieme, un po' come facevano i cavalieri o i monaci. In ogni casa ci sarebbero stati una biblioteca, un osservatorio e un laboratorio. Ogni scoperta scientifica fatta in una casa avrebbe dovuto essere immediatamente comunicata a tutte le altre, in modo che non ci fossero più ritardi nella diffusione della conoscenza.

Federico Cesi decise di chiamare la loro società Accademia dei Lincei, perché in *Magia naturalis*, il libro che aveva letto, la lince era descritta come un animale in grado di vedere sotto la superficie delle cose, come facevano coloro che studiavano la natura.

Era un progetto ambizioso, difficile da realizzare; ma non sarebbe mai stato avviato se non fosse stato per un piccolo problema familiare.

Poiché Cesi e Van Heck passavano molto tempo insieme, il padre di Federico si ingelosì, perché pensava che Van Heck avrebbe convinto il figlio a trasferirsi nei Paesi Bassi. Così, per evitare qualsiasi conflitto, i due amici decisero di separarsi: Cesi andò a Napoli, mentre Van Heck si recò in Europa. In questo modo ebbero almeno l'opportunità di diffondere il loro progetto anche all'estero.

A Napoli, Federico incontrò l'autore della sua amata *Magia naturalis*: Giambattista della Porta. Della Porta era un esperto di ottica che aveva fatto molti progressi notevoli in questo campo. Raccontò al giovane Federico di aver fondato anche lui una comunità scientifica, l'Accademia dei Segreti, chiamata così perché per lui la scienza consisteva nello scoprire i segreti della natura. La *Magia naturalis* era il riferimento principale di questa società. Ma nonostante si occupassero di esperimenti e non di magia, la Santa Inquisizione li accusò di stregoneria e chiuse l'Accademia dei Segreti poco dopo la sua apertura.

Quando Federico Cesi sentì questa storia, ne fu ispirato. Invitò quindi Giambattista della Porta a entrare nella nuova Accademia dei Lincei; lui accettò e fondò una sede a Napoli, dove una volta si riuniva la sua vecchia società.

Nel frattempo, Van Heck viaggiava per le corti d'Europa, dove incontrava scienziati famosi come Keplero e Tycho Brahe e parlava loro dell'Accademia. Riuscì persino a presentare il progetto all'imperatore del Sacro Romano Impero Rodolfo II, che aveva un interesse per la scienza. L'Accademia dei Lincei stava effettivamente diventando internazionale, come nel progetto originario di Federico Cesi.

La società divenne ancora più prestigiosa quando un altro membro entrò a farne parte: Galileo Galilei.

Galileo e il linguaggio

A quel tempo, Galileo Galilei era già famoso tra gli astronomi, perché aveva appena pubblicato il *Sidereus nuncius* ("Il messaggero delle stelle"), dove descriveva tutte le sue scoperte nel cosmo fatte con un nuovo potente strumento per l'osservazione del cielo notturno, un cannocchiale che aveva migliorato da un modello più vecchio.

Quando Federico Cesi lo invitò a far parte dell'Accademia dei Lincei, accettò volentieri. Durante le riunioni con i suoi nuovi colleghi, Galileo raccontò le sue scoperte e mostrò loro il suo strumento. Vedendolo, un altro membro dell'Accademia, uno scienziato greco di nome Giovanni Demisiani, gli suggerì un nome: telescopio.

A Galileo però non piacque. Era un problema di lingua. La parola "telescopio" fu composta da Demisiani unendo due elementi di origine greca: *tele-* "lontano" + *-scopio*, un suffisso derivato dal verbo "guardare".

Galileo disprezzava le lingue antiche nella scienza, perché secondo lui rappresentavano un vecchio modo di pensare. Quando poteva, evitava anche il latino e scriveva in italiano. Ne è un esempio il suo particolare libro intitolato *Il saggiatore* (1623).

Qualche tempo dopo la sua introduzione in Accademia, un altro astronomo, Orazio Grassi, aveva criticato Galileo in un libello scritto in latino intitolato *Libra astronomica e filosofica*. *Libra* in latino significa "bilancia", perché l'autore voleva metaforicamente soppesare le nuove scoperte e mostrare la loro inconsistenza. Uno degli altri Lincei, Virginio Cesarini, inviò una lettera al collega in cui lo invitava a rispondere alla provocazione, e Galileo accettò. Lo scienziato però non rispose rivolgendosi all'avversario: scrisse direttamente all'amico. E dato il carattere informale della corrispondenza, scrisse in italiano pur trattando argomenti scientifici, citando però le parole di Grassi così com'erano, in latino. Si trattava di un vero esperimento letterario in cui nello stesso testo si avvicendavano due lingue: in latino erano scritte le vecchie teorie astronomiche, in italiano quelle nuove. Quella che era inizialmente un'epistola crebbe fino a diventare un libro, il cui titolo fu *Il saggiatore*. Come *libra*, anche "saggiatore" significa "bilancia", ma il nome non è di origine latina, come preferiva Galileo. E in questo caso si può dire che i due piatti della bilancia metaforica siano le due diverse lingue.

Così, Galileo fece come aveva fatto Cicerone quando aveva usato il latino per scrivere della filosofia greca. Inoltre, ciò fu utile per la comprensione della materia, perché si sentiva più a suo agio a scrivere nel suo vernacolo, il che gli permise anche di essere polemico nei confronti della vecchia scienza.

Per tutta la vita, Galileo sperò di poter diffondere l'italiano a livello internazionale nella comunità scientifica.

Come Galileo usava l'anamnesi

Prima di pubblicare *Il saggiatore*, Galileo scrisse una dedica al papa come prefazione al libro, come aveva fatto Copernico prima di lui nel *De revolutionibus*. Questa volta, però, fu il papa stesso a invitare Galileo a Roma. I due si incontrarono più volte e discussero delle scoperte fatte con il telescopio. Quando Galileo confessò al papa il suo progetto di scrivere qualcosa su Copernico, questi lo avvertì: una commissione diretta dal cardinale Bellarmino aveva appena scoperto che contraddiceva l'astronomia accennata nella Bibbia, perciò era stato bollato come eretico.

Alcuni anni dopo il loro incontro, Galileo completò il libro di cui parlava: *Dialogo sopra i due massimi sistemi* (1632), un dialogo in cui i partecipanti discutono le teorie di Aristotele e Copernico.

Perché Galileo ha scritto un dialogo? Lo abbiamo già trovato usato da Cicerone, ma molto prima di lui, Socrate fu il primo a usare il dialogo. Egli riteneva che la vera filosofia si potesse fare solo di persona; e per affermarlo radicalmente scelse addirittura di non lasciare nulla di scritto, poiché un testo può parlare senza il suo autore. Il suo metodo peculiare consisteva nel porre una serie di domande a qualcuno, partendo da un argomento generale come "Qual è il bene più grande secondo te?", e poi "Cosa intendi con questo?", e così via. Lo scopo di questa indagine era quello di risalire dall'argomento scelto alle convinzioni più profonde dell'interlocutore. Socrate cercava di mostrare alle persone che interrogava (e anche a chi stava semplicemente ascoltando...) che ciò che consideriamo vero è in realtà a volte basato su qualche convinzione indimostrabile, e che spesso non ne siamo consapevoli.

Poiché il filosofo scavava nelle loro menti alla ricerca della verità, il metodo socratico fu chiamato *anamnesi*, che in greco significa "reminiscenza". E poiché affrontare questo processo non è affatto piacevole, Socrate non sempre riscuoteva la simpatia delle persone con cui aveva parlato; anzi, si guadagnò rapidamente la fama di persona sgradevole. Per questo fu persino messo a morte, con l'accusa di corrompere la mente dei giovani.

Il suo apprendista Platone copiò il suo metodo di utilizzo del dialogo; ma, a differenza del suo maestro, non era così rigido nei confronti della scrittura, per cui fu il primo a trasformare i dialoghi in un genere letterario. Anche Aristotele, l'apprendista di Platone, scrisse dei dialoghi, ma poiché non erano considerati i suoi testi più importanti, non si sono conservati. I testi aristotelici che si sono conservati sono quelli che egli leggeva ad alta voce durante le sue lezioni, senza la partecipazione dei suoi studenti: proprio il contrario di ciò che faceva Socrate. Per questa loro funzione, i libri di Aristotele sono tutti scritti in forma di monologo, come oggi ci aspetteremmo che sia un saggio.

Così come fece con il telescopio, Galileo migliorò il metodo socratico. Il dialogo scritto è molto diverso da un dialogo fatto di persona: nella sua forma originale, il dialogo è uno scontro tra due punti di vista diversi, e non ne conosciamo l'esito fino alla fine; quando è scritto, perde la sua imprevedibilità e diventa un mero strumento del suo autore. L'autore decide in anticipo quale punto di vista debba prevalere sull'altro. Così, il *Dialogo* è un confronto tra due protagonisti con convinzioni radicalmente diverse: Salviati, che crede in Copernico, e Simplicio, che crede in Aristotele; e poiché Galileo è schierato con Copernico, questo dialogo è solo il suo modo di persuadere i lettori convinti di Aristotele.

Salviati chiede a Simplicio: "Se una penna fosse attaccata a una nave che va dall'Italia ad Alessandria, quale segno lascerebbe nell'acqua se questa fosse di carta?".

Simplicio risponde: "Una diagonale!".

Salviati: "E quando sei sulla nave, se guardi la punta dell'albero maestro, devi spostare gli occhi in diagonale per seguirla?".

Simplicio: "No...".

Salviati: "Questo perché tu e i tuoi occhi vi muovete con la nave. Ora immaginiamo che la Terra si muova. Se qualcuno lasciasse cadere un sasso dalla cima di una torre, che percorso farebbe il sasso nell'aria?".

Simplicio: "Una diagonale?".

Salviati: "Sì! Ma bisogna muovere gli occhi in diagonale per seguirlo?".

Simplicio: "No!

Salviati: "Questo perché tu, i tuoi occhi, *e la pietra stessa* vi muovete con la Terra".

Questa però è persuasione, non una prova. Analizziamo da vicino i due esempi.

Nel caso del veliero, è vero che non c'è bisogno di muovere gli occhi per seguire la punta dell'albero. Ma questo rimane vero anche nel caso in cui la nave sia ferma. Lo stesso vale per l'esempio della pietra che cade da una torre, mostrato in Fig. 3.1.

Se la Terra è ferma (A), non è necessario muovere gli occhi in orizzontale per seguire la caduta del

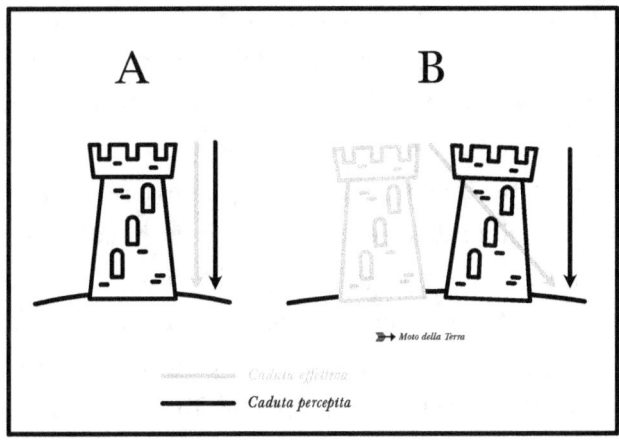

Figura 3.1. L'esempio della torre. Lo stesso fatto è spiegato da due teorie diverse.

sasso. Questo perché il percorso reale della caduta e quello percepito coincidono. Se invece la Terra si muove (B), il sasso segue il suo moto, quindi la sua caduta effettiva segue una diagonale, mentre l'effetto percepito rimane lo stesso, perché l'osservatore si muove insieme alla torre e non nota la diagonale.

Tuttavia, Galileo non fornisce nessun altro motivo per preferire B ad A. Quello che vuole dimostrare è che A si basa su un presupposto che sembra ovvio, ma poi aggiunge l'ipotesi che la pietra che cade possa seguire in diagonale il moto della Terra. Qualora questo si rivelasse vero, il moto della Terra sarebbe possibile.

Questo è ciò che l'anamnesi socratica ha scoperto: è una convinzione a dare forma ai fatti, per poi nascondersi dietro di essi. La teoria della Terra ferma (A) non si basa realmente sul fatto che il sasso cada verticalmente, perché ciò può essere spiegato (a condizioni diverse) anche nel caso in cui la Terra sia in movimento (B). Anzi, è il contrario: prima di tutto, A parte dal presupposto che la Terra sia ferma; poi, il fatto che il sasso cada dritto è una conseguenza di tale presupposto. Tuttavia lo stesso fatto viene erroneamente riportato come prova del presupposto che lo ha generato.

Anche Galileo condannato

Quando il papa ricevette una copia del *Dialogo*, la fece esaminare da Bellarmino, e il cardinale alla fine trovò il libro troppo conforme alla teoria di Copernico.

Sospettato di eresia, Galileo rischiava non solo di essere arrestato, ma anche di essere messo a morte con il fuoco, come Giordano Bruno. L'Accademia dei Lincei cercò di difenderlo. Federico Cesi, grazie alla sua conoscenza con Bellarmino, gli scrisse una lunga lettera, cercando di convincerlo che Copernico non era in contraddizione con la Bibbia. Voleva salvare l'amico, come aveva fatto una volta con Van Heck.

Ma questa volta non ci riuscì. Morì improvvisamente dopo una febbre acuta, a soli 45 anni. Non solo non poté aiutare Galileo, ma lasciò incompiuta un'enciclopedia botanica a cui stava lavorando. L'Accademia dei Lincei non poté più rimanere aperta senza il suo fondatore.

Galileo fu allora processato per eresia. Come nel caso di Giordano Bruno, il tribunale dovette dimostrare che ciò che l'accusato diceva era totalmente sbagliato. Anche in questo caso, il cardinale Bellarmino faceva parte della giuria.

Prima della sentenza, prese una copia del *De revolutionibus* di Copernico. Aprì il libro alla prima pagina, citando testualmente una riga della prefazione: "Non è necessario che queste ipotesi siano vere".

E Galileo alla fine abiurò.

4.

L'ORIGINE DELLA *PEER REVIEW*

La condanna di Galileo fu così eclatante che la notizia si diffuse rapidamente anche oltre i confini dell'Italia. Non c'era studioso in Europa che non sapesse chi fosse e cosa gli fosse successo dopo l'abiura: fu messo agli arresti domiciliari e i suoi libri furono aggiunti all'Index Librorum Prohibitorum, un elenco di pubblicazioni ufficialmente vietate dalla Chiesa cattolica ai credenti.

In seguito a ciò, gli scienziati vollero abbandonare l'autorità scientifica e i suoi vecchi metodi.

Come fece Galileo con *Il saggiatore*, molti altri suoi colleghi europei seguirono il suo esempio e iniziarono a scrivere di scienza nella loro lingua. Il latino fu gradualmente abbandonato dai grandi scienziati e il linguaggio scientifico internazionale si frammentò. La traduzione dei principali saggi in altre lingue o in latino internazionale divenne necessaria per diffondere le teorie più recenti al di fuori dei confini nazionali.

Dopo l'Accademia dei Lincei, in Europa furono fondate altre comunità scientifiche. Alcune di esse si dotarono di una pubblicazione ufficiale in cui i membri potessero contribuire condividendo i recenti sviluppi del loro lavoro, in modo da poterlo far conoscere ai colleghi e ricevere un riscontro.

Nacquero così i primi periodici scientifici mensili e con essi il metodo della revisione dei pari (*peer review*), che è l'opposto dell'autorità scientifica.

L'autorità in Francia

In Francia, in quegli anni, il grande filosofo René Descartes stava scrivendo due libri, uno sul mondo e l'altro sull'essere umano; ma una volta apprese le terribili notizie dall'Italia, mise da parte quello sul mondo perché sosteneva Copernico, e il suo saggio sull'essere umano fu pubblicato solo dopo la sua morte. Anche se l'autore lo aveva originariamente scritto in francese, fu tradotto in latino con il titolo *De homine*, per raggiungere un pubblico internazionale più ampio.

A Parigi, il primo ministro del re Luigi XIV, il cardinale Richelieu, uomo molto colto e con una particolare passione per la letteratura, fondò l'Académie française, un gruppo di quaranta studiosi chiamati "gli immortali". Il primo ministro affidò loro il compito di rendere la lingua francese eloquente e capace di trattare le arti e le scienze e, per raggiungere questo difficile obiettivo, gli immortali iniziarono a compilare un dizionario ufficiale francese.

Uno di loro era Antoine Furetière, uno scrittore di successo molto interessato a contribuire al dizionario. Ma divenne frustrato dalla lentezza dei suoi colleghi, così iniziò a lavorare a un dizionario per conto suo. Quando lo completò prima degli altri immortali, questi si indignarono perché pensavano che avesse usato le loro fonti per il suo progetto. Lo volevano fuori dall'Académie, e alla fine Furetière dovette uscirne. L'edizione completa del suo *Dictionnaire universel* fu pubblicata poco dopo la sua morte, nel 1690; la prima edizione del *Dictionnaire de l'Académie française* fu completata quattro anni dopo.

La Royal Society

In Inghilterra, il filosofo Francis Bacon, come Galileo, voleva allontanarsi dalla vecchia scienza di Aristotele, così inventò un proprio metodo per fare nuove scoperte scientifiche e lo descrisse nel suo saggio *Novum Organum*, "Il nuovo strumento", che riprendeva, anche nel titolo, l'antico libro dell'antico filosofo che Boezio aveva tradotto.

Bacone espresse le sue idee sulla scienza anche in letteratura. Nel suo libro incompiuto *Nuova Atlantide*, immaginò una società governata da una comunità scientifica, i cui membri si chiamavano "fellows", cioè "soci".

Questo racconto ha forse ispirato un gruppo di scienziati che iniziò a riunirsi a Londra in quegli anni. Si trattava di Sir Robert Moray, un chimico che fu decorato con il titolo di cavaliere dal re Carlo per i suoi meriti militari e divenne anche amico del cardinale Richelieu; del dottor John Wallis, un matematico inventore del simbolo dell'infinito (∞); di John Wilkins, un filosofo della scienza che in seguito sarebbe diventato vescovo; e di molti altri, per un totale di dodici uomini di scienza.

Si riunivano ogni mercoledì in qualche sala vuota del Gresham College, un'università vecchio stile nel centro di Londra, alle tre del pomeriggio, dopo la fine delle lezioni; oppure, se le sale erano ancora in uso, in qualche pub nelle vicinanze. Nelle loro riunioni, condividevano le loro recenti scoperte, ma facevano anche nuovi esperimenti che tutti potevano osservare, e ogni membro contribuiva alle spese per gli strumenti e i campioni. La quota di iscrizione al club era di 10 scellini, l'equivalente di circa 60 euro di oggi, e la quota settimanale per le spese era di uno scellino (6 euro).

Alla fine si unì al gruppo anche Robert Boyle. Era l'illustre chimico che aveva scoperto e dato il suo nome a una legge fondamentale dei gas. Grazie alla sua fama, si guadagnò rapidamente il rispetto degli altri membri, fino a diventare una figura di spicco tra loro. Nelle lettere ai suoi compagni, si riferiva alla loro compagnia come "il nostro Invisible College", per il nome dell'istituzione che li ospitava, ma anche per la quasi clandestinità dei loro incontri.

L'attività dell'Invisible College, tuttavia, fu interrotta da un grande tumulto politico quando Oliver Cromwell, feroce oppositore della monarchia, fu eletto al Parlamento. Nella sua accorata campagna politica contro il re Carlo, guadagnò sempre più seguaci, finché non scoppiò una guerra civile. Il re fu sconfitto ma trovò protezione in Scozia; lui e Cromwell cercarono di negoziare una nuova costituzione, ma fallirono. Dopo un'altra guerra, Carlo fu infine catturato dal partito di Cromwell, che lo sottopose a processo, lo condannò e lo decapitò. Suo figlio e legittimo erede al trono, Carlo II, fuggì a Bruxelles, e Cromwell instaurò per la prima volta una repubblica in Inghilterra.

Durante questi tempi difficili, i membri dell'Invisible College si divisero in varie parti della Gran

Bretagna e anche all'estero. Per circa 10 anni non si incontrarono mai e si scrissero raramente.

A Parigi, Robert Moray, amico di re Carlo e del cardinale Richelieu, cercò di chiedere aiuto al primo ministro francese, ma senza successo. A Londra, Robert Boyle incontrò Henry Oldenburg, un diplomatico tedesco inviato lì per trattare direttamente con Cromwell sulle nuove relazioni internazionali tra i due Paesi. Boyle e Oldenburg divennero subito amici, scoprendo il loro comune interesse per le scienze naturali. Come diplomatico, Oldenburg era un eccezionale poliglotta, ed era in contatto con molte grandi menti dell'epoca, come Isaac Newton, Baruch Spinoza e Gottfried Leibniz. Grazie al suo talento, Boyle gli offrì di entrare a far parte dell'Invisible College una volta che fosse rinato, e Oldenburg decise di stabilirsi a Londra.

Alla fine, Cromwell morì di malaria e la repubblica non poté sopravvivere senza il suo fondatore. Re Carlo II, una volta appresa la notizia, tornò in patria e riprese il trono.

In quanto re della monarchia restaurata, Carlo II voleva che il suo regno fosse illuminato dalla cultura e dalla scienza. Così, il suo amico Sir Moray gli parlò del gruppo di cui faceva parte, e Carlo II chiese di incontrare di persona tutti gli altri membri. L'Invisible College poté riunirsi nuovamente e dare il benvenuto al suo nuovo membro, Henry Oldenburg. In presenza del loro re, raccontarono quello che facevano un tempo al Gresham College, e quelli che durante la sua assenza erano andati all'estero ricordarono che negli altri Paesi c'erano molte accademie dedicate alle arti e alle scienze, come l'Accademia dei Lincei e l'Académie française.

Carlo II ne fu ispirato e volle una società simile anche per il suo regno. Scrisse una carta ufficiale in cui dava a quel gruppo la sua protezione e il compito di "migliorare e diffondere la scienza", e anche un nuovo nome: Royal Society.

Nel regolamento si stabilisce di riunirsi una volta alla settimana e di pagare uno scellino al mese, come faceva l'Invisible College. Il limite dei membri era fissato a 55, e tutti avrebbero dovuto assumere il titolo di "fellows", come nel racconto di Francis Bacon. I nuovi membri avrebbero dovuto essere eletti da quelli già esistenti, e nessuna persona avrebbe dovuto essere ammessa senza essere esaminata, con l'eccezione di coloro che avevano il grado di Barone e oltre, che potevano anche entrare come soprannumerari.

Nello stemma della società (Fig. 4.1) scelsero di inserire un motto significativo per la scienza: *Nullius In Verba*, che in latino significa "Nessuno sulla parola", poiché appunto gli scienziati non devono darla mai per scontata.

Figura 4.1. Lo stemma della Royal Society, con il motto *Nullius In Verba*.

Il Journal des Savants

Qualche anno prima di recarsi in Inghilterra e incontrare i suoi colleghi della Royal Society, Henry Oldenburg si trovava a Parigi, durante uno dei suoi numerosi viaggi di lavoro. Nel tempo libero, si godette tutti i divertimenti che la capitale poteva offrire. Alla fine, fu attirato nella lussuosa casa di Henri de Montmor, un letterato che ospitava regolarmente incontri con i più eminenti intellettuali della città. Seguendo la tendenza dell'epoca, la società si era anche data uno statuto ufficiale e aveva preso il nome di Académie de Montmor. All'Académie, Oldenburg conobbe Christiaan Huygens, astronomo olandese e inventore dell'orologio a pendolo. I due divennero amici e continuarono a scambiarsi lettere anche dopo la partenza di Oldenburg da Parigi.

Poiché Oldenburg sarebbe poi diventato uno dei fondatori della Royal Society, qualcuno ipotizzò che avesse preso da Montmor l'idea di una comunità scientifica; ma ciò era errato, perché la Royal Society fu fondata sulle basi del già esistente (ma non così famoso) Invisible College.

Quanto alla stessa Académie de Montmor, non durò a lungo. La maggior parte dei suoi ex membri, tuttavia, si riunì nella neonata Académie des sciences, un'istituzione ufficiale appena fondata da Jean-Baptiste Colbert, che in quegli anni era diventato il più importante ministro di Luigi XIV. Come uno dei successori del cardinale Richelieu, egli volle così emulare l'iniziativa che gli aveva portato fama, e diede alla Francia non solo un'accademia dedicata alla letteratura, ma anche una per lo studio delle scienze naturali.

Oltre al suo compito di politico, Colbert era anche il mecenate di un circolo delle persone più colte di Parigi, una sorta di Académie de Montmor. I membri di questa società lo aiutavano a gestire gli affari di Stato, ma a volte discutevano anche di altre iniziative per promuovere la cultura e la scienza. Alla fine ebbero l'idea di una rivista dedicata ad altre persone colte, una pubblicazione periodica che potesse informarle sui fatti più interessanti e recenti accaduti nella Repubblica delle Lettere, come era conosciuta la comunità internazionale composta da tutte le persone colte del mondo.

Tuttavia, nessuno nel circolo credeva veramente nel progetto; solo Denis de Sallo, un avvocato della corte ufficiale del re, ne parlò finalmente a Colbert, e ottenne dal ministro il permesso di stampare la rivista.

Lunedì 5 gennaio 1665 uscì il primo numero del *Journal des Savants*, il cui titolo significava "Il giornale dei sapienti". Era la prima rivista accademica stampata in Europa e veniva pubblicata una volta

L'ORIGINE DELLA *PEER REVIEW*

Figura 4.2. Primo numero del *Journal des Savants* (lunedì 5 gennaio 1665).

alla settimana. De Sallo lo firmò con lo pseudonimo di Sieur de Hedouville, il nome del villaggio da cui proveniva il suo assistente; l'avvocato voleva rimanere anonimo, forse perché l'idea della rivista non era del tutto sua.

Nella prefazione descrive il tema del giornale, che era un concetto del tutto nuovo. Avrebbe parlato dei libri più importanti stampati in tutta Europa e non solo ne avrebbe dato un riassunto, ma lo staff li avrebbe anche criticati, in modo che i lettori potessero capire se potevano essere utili. I bibliotecari di allora si limitavano a compilare cataloghi alfabetici dei libri stampati di recente, e il *Journal des Savants* rese improvvisamente obsoleto il loro lavoro. A Lione, uno di loro, Thomas Amaulry, si vendicò stampando copie pirata del periodico.

Il primo numero era già ricco di contenuti. C'era un riassunto di un recente libro dell'astronomo italiano Giuseppe Campani; poi, un commento a *L'homme* di René Descartes, da poco pubblicato nel suo testo originale francese e arricchito di figure; e alla fine un toccante resoconto della nascita di due gemelle siamesi a Oxford. Astronomia, filosofia, fisiologia: si vede che a quei tempi uno studioso doveva ancora avere interessi in molti campi di studio diversi, come accadeva fin dal Medioevo.

Per svolgere tutto il lavoro di raccolta e di critica dei libri, il *Journal* si avvaleva di una piccola ma efficiente redazione: l'abate Gallois, membro dell'Académie des sciences e dell'Académie française, Madame de Sablé, eminente scrittrice e nobildonna, e lo stesso De Sallo. Nella prefazione, i due autori dichiarano chiaramente il loro metodo: "Nessuno dovrebbe trovare strano vedere qui opinioni diverse dalle proprie".

Tuttavia, a volte lo staff abbandonava questo principio di imparzialità facendo favori ai propri amici, come quando una volta Madame de Sablé permise a François de La Rochefoucauld di scrivere la propria recensione del libro appena pubblicato.

A volte però le critiche erano abbastanza efficaci. Un giorno, in un numero del *Journal* apparve una recensione feroce su di un libro scritto dal figlio dell'illustre medico Guy Patin. Furioso per l'onta subita, il medico scrisse una lettera in cui chiedeva polemicamente se i redattori avessero "il merito e l'autorità di criticare chi non scrive secondo i loro gusti". In ogni caso, l'incidente non portò immediatamente alcuna conseguenza. La protezione del ministro garantì che il personale potesse continuare a lavorare.

Ma anche questo supporto non fu più sufficiente quando il *Journal* si sollevò contro la Chiesa. In quell'anno, il vescovo di Parigi, Pierre de Marca, scrisse un libro sulle opinioni religiose del predecessore di Colbert, Richelieu, che erano contro il Papa. Il libro era stato messo nell'Index Librorum Prohibitorum; tuttavia, De Sallo lo lodò nel *Journal*. Ciò suscitò improvvisamente le ire dei gesuiti, e la conseguente pressione politica fu troppo forte anche per Colbert: alla fine, dovette sospendere il periodico. Guy Patin ebbe la sua rivincita e si rallegrò in una lettera a un amico: "tutto questo è avvenuto per loro colpa e per loro vergogna".

L'attività del *Journal des Savants* era durata solo tre mesi e tredici numeri. Tuttavia, il ministro era deciso a continuare il progetto. Chiese alla vecchia redazione di tornare al lavoro, ma De Sallo si fece da parte; l'abate Gallois divenne il nuovo direttore.

Il *Journal des Savants* riprese le pubblicazioni già l'anno successivo, e una nuova prefazione ne rinnovò l'intenzione in modo più attenuato: "L'interruzione di questo giornale non ha fatto che renderlo più desiderato. Tuttavia, poiché qualcuno ci ha accusato di essere troppo critici, ci impegniamo a fare un lavoro migliore d'ora in poi".

Le Philosophical Transactions

A Londra, dopo la sua fondazione, la Royal Society si diede un'organizzazione interna. Il primo segretario fu scelto come Henry Oldenburg, per le sue preziose capacità di diplomatico e per l'estensione internazionale della sua corrispondenza privata; Robert Boyle divenne il suo primo assistente.

Negli anni successivi, Oldenburg pensò a un modo per rafforzare il ruolo della Royal Society nella comunità scientifica e ne parlò a Boyle. Voleva approfittare di ciò che gli scrivevano i suoi amici di penna per creare un bollettino mensile contenente tutte le ultime notizie scientifiche dall'Europa, e venderne gli abbonamenti agli studiosi.

Anche se ci credeva davvero, il progetto non prese mai vita. Innanzitutto, il costo stimato di un abbonamento era troppo alto: 8 sterline all'anno, l'equivalente di 1020 euro di oggi, il prezzo di un cavallo all'epoca. Era così costoso perché Oldenburg aveva previsto di scrivere personalmente a ogni abbonato, cosa che all'epoca era ancora concepibile. Ma l'amico Boyle lo aiutò a capire che tutti avrebbero preferito la comodità di un servizio distribuito a mezzo stampa. Infatti, per la stessa cifra, sarebbe stato più conveniente trovare un maggior numero di abbonati che pagassero una quota annuale accessibile di 10 scellini (circa 60 euro di oggi). Ma a parte questo, probabilmente non molti studiosi sarebbero stati disposti a diffondere il loro lavoro senza sapere chi lo avrebbe letto, esponendosi così al rischio di plagio.

Oldenburg però non rinunciò all'idea e alla fine riuscì a svilupparla meglio. Essendo ancora in contatto con alcuni amici conosciuti in Francia, venne a sapere dell'imminente pubblicazione del *Journal des Savants*. Era curioso di vedere di persona di cosa si trattava, così si fece mandare alcune copie non appena uscì. Sfogliandone le pagine, ne fu ispirato e volle mostrarlo anche a Boyle. Poi gli venne una nuova idea: avrebbe trasformato il suo vecchio progetto di una newsletter in una pubblicazione ufficiale della Royal Society, come il *Journal des Savants*, ma concentrandosi solo sulle scoperte scientifiche e tralasciando altri campi di studio.

In effetti, anche il *Journal* chiedeva ai suoi lettori di contribuire in prima persona ai contenuti, inviando i loro progetti e le loro lettere per cercare la collaborazione dei colleghi. La corrispondenza privata tra studiosi era infatti un'abitudine comune; ma Henry Oldenburg, durante il suo servizio come diplomatico, aveva raccolto una lunga lista di contatti illustri che nessun altro nella comunità scientifica poteva eguagliare.

Così, il segretario scrisse a tutti coloro che potevano essere interessati a condividere le loro scoperte scientifiche e ricevette molte risposte. Una di queste era un lungo resoconto fatto da un ufficiale della marina su una rotta che aveva trovato grazie agli orologi a pendolo, che all'epoca erano ancora utilizzati per la navigazione in mare perché la loro oscillazione cambiava a diverse latitudini. Mentre lo leggeva, Oldenburg si ricordò di un'altra sua vecchia conoscenza: Christiaan Huygens, l'astronomo che aveva inventato gli orologi a pendolo. Gli scrisse immediatamente, inviandogli anche una copia del resoconto. Huygens gli rispose, esprimendo la sua sorpresa per il successo della missione e informando i suoi colleghi sugli ultimi sviluppi della sua invenzione.

Dopo aver raccolto tutte le lettere, queste vennero editate e messe insieme.

Quindi, lunedì 6 marzo 1665, esattamente tre mesi dopo il primo numero del *Journal des Savants*, la Royal Society pubblicò la propria rivista, le *Philosophical Transactions*. Il nome suggerisce che la sua origine risiede nella corrispondenza tra coloro che studiavano la scienza, che all'epoca era ancora chiamata filosofia naturale. Inoltre, a differenza di una newsletter, il periodico aveva una data in copertina, così i collaboratori erano protetti dal plagio.

Alcuni contenuti del primo numero delle *Philosophical Transactions* erano comuni a quelli del *Journal*, come la presentazione del libro dell'astronomo Giu-

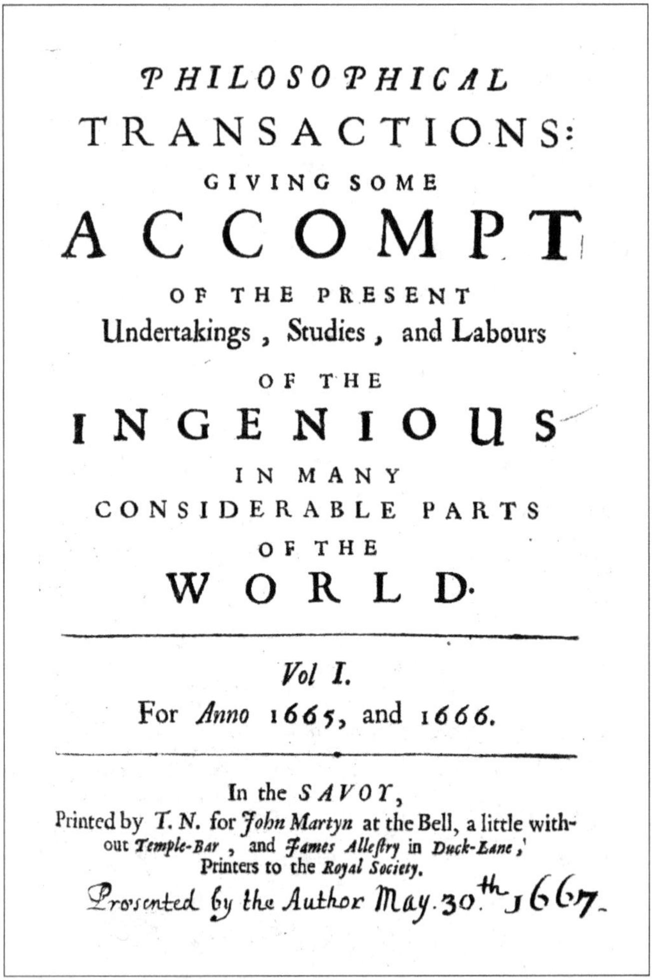

PHILOSOPHICAL TRANSACTIONS:

GIVING SOME

ACCOMPT

OF THE PRESENT
Undertakings, Studies, and Labours

OF THE

INGENIOUS

IN MANY
CONSIDERABLE PARTS
OF THE

WORLD.

Vol I.
For *Anno* 1665, and 1666.

In the *SAVOY*,
Printed by *T. N.* for *John Martyn* at the Bell, a little without *Temple-Bar*, and *James Alleftry* in *Duck-Lane*,
Printers to the *Royal Society*.

Presented by the Author May. 30th 1667.

Figura 4.3. Volume che raccoglie tutto il primo anno delle *Philosophical Transactions* (1665-1666).

seppe Campani; ma invece di puntare sulla varietà, Oldenburg pubblicò solo contenuti riguardanti le scienze naturali. Le lettere degli amici costituivano il vero valore del periodico.

Quella scritta da Huygens fu addirittura stampata così com'era. Se guardiamo bene, la lettera è una recensione fatta da un esperto su una scoperta fatta da un collega. Si tratta in effetti di un sistema rudimentale di *peer review*, una pratica fondamentale del metodo scientifico di cui Henry Oldenburg è considerato il padre.

Prima di Oldenburg, però, qualcun altro aveva pensato a un metodo per permettere agli scienziati di controllare il lavoro tra di loro. Ai tempi del califfato abbaside, a Baghdad, un medico arabo di nome Al Ruhawi scrisse il libro *Etica della medicina*, in cui imponeva ai suoi colleghi di compilare una cartella clinica per ogni paziente, in modo che in caso di morte potesse essere esaminata dagli altri medici e, se questi avessero ritenuto scadente il lavoro svolto dal collega, anche quest'ultimo potesse essere messo a morte.

Oggi la pratica della *peer review* è diversa sia dal metodo di Al Ruhawi che da quello di Oldenburg. Per esempio, la *peer review* viene effettuata prima della pubblicazione di qualsiasi articolo scientifico, e non dopo come avveniva inizialmente nelle *Philo-*

sophical Transactions. La *peer review* è infatti un metodo di controllo della qualità: quando un direttore deve pubblicare un articolo nel suo periodico, invia una bozza a un revisore, che la controlla per individuare eventuali errori. Poiché il revisore di solito lavora nello stesso campo dell'autore, si tratta di colleghi, da cui il nome "revisione dei pari".

5.
LA FINE DELL'AUTORITÀ

GLI SCIENZIATI, ORMAI ABBANDONATA l'autorità aristotelica, confermarono le teorie di Copernico e fecero anche nuove scoperte.

Ma senza più il riferimento a una teoria così ben conosciuta, essi rischiarono di allontanarsi anche dal grande pubblico. Alcuni intellettuali dell'epoca, che erano anche degli autori letterari, si presero allora il compito di spiegare le novità più recenti della scienza alla gente della loro cerchia (nobili, più che altro), e per farlo si ispirarono a Cicerone e Galileo, e fecero uso del loro metodo: il dialogo.

Ci fu chi ottenne successo e riconoscimento; ma anche qualcun altro che, ancora, venne censurato.

La pluralità dei mondi

Bernard de Fontenelle era figlio di un avvocato e nipote di Pierre Corneille, il famoso poeta francese.

Nella sua città natale, Rouen (a nord di Parigi), cercò di studiare legge per aiutare un giorno il padre nella sua attività, ma all'età di 20 anni abbandonò l'università e si trasferì nella capitale, dove poté lavorare come autore di tragedie grazie alla fama dello zio. Non ebbe però molto successo.

Durante questo periodo di sfortuna, Fontenelle deve aver trovato un libro di René Descartes intitolato *Le monde*. Si trattava di un libro che il filosofo aveva scritto molto prima, ma che, a causa dello scandalo suscitato dalla condanna di Galileo, aveva ritardato a pubblicare, perché Cartesio vi descrive la Terra e il suo posto nell'universo così come era stato concepito da Copernico.

All'epoca di Fontenelle, tuttavia, tale teoria, anche se ancora controversa, era diventata meno scandalosa tra gli ecclesiastici ed era generalmente accettata dagli studiosi. Ad esempio, se apriamo un dizionario del 1690, il *Dictionnaire universel* di Antoine Furetière, alla voce "sole" leggiamo questo:

> SOLE: s. m. Il grande lume che illumina il mondo; il più luminoso dei sette pianeti. Il Sole è al centro del mondo, o almeno al centro del nostro sistema. Alcuni pensano che anche le stelle fisse siano Soli che governano altri sistemi di Pianeti a noi sconosciuti.

Come possiamo vedere, in questa definizione ci sono sì alcuni errori, ma anche alcuni notevoli progressi rispetto alla teoria di Aristotele. Per esempio, il Sole è ancora considerato un pianeta e non una stella, ma è posto al centro del Sistema Solare. E alla fine della definizione si parla anche di coloro che credono che esistano molti altri sistemi stellari come il nostro: si tratta dei copernicani. Essi seguirono ovviamente la teoria del grande astronomo, ma la portarono anche alle estreme conseguenze.

Uno di loro era Giordano Bruno, che credeva nella pluralità dei mondi: "La luna non è nel cielo per noi più di quanto noi siamo per la luna". Per questa convinzione fu messo a morte. Anche Fontenelle, dopo aver letto *Le monde* di Cartesio, divenne un copernicano.

Dovette però fare i conti con il fatto che, a differenza dello zio, non era bravo a scrivere tragedie, per cui alla fine decise di abbandonare il palcoscenico. Ma non rinunciò alla letteratura. Gli venne l'idea di scrivere qualcosa a partire da ciò che aveva imparato da Cartesio. Il risultato fu un libro intitolato *Entretiens sur la pluralité des mondes* ("Conversazioni sulla pluralità dei mondi"; 1686).

Nella prefazione, Fontenelle si paragona a Cicerone. Potremmo pensare che voglia raccontare la scienza in francese come il grande oratore aveva fatto in latino con la filosofia greca, ma non è così: dopo Galileo, molti altri grandi scienziati hanno scritto nella loro lingua, come lo stesso Cartesio. Inoltre, il *Journal des Savants*, oltre alle sue recensioni letterarie, offriva alcuni resoconti sulle recenti invenzioni e scoperte scientifiche. Non era quindi necessario scrivere di scienza in francese.

Paragonandosi a Cicerone, Fontenelle voleva emularlo non perché avesse cambiato il linguaggio della scienza, ma perché aveva cambiato ciò che è legato al linguaggio: il pubblico. Come scrive nella prefazione: "Ho cercato di trattare la scienza in modo non troppo duro per la gente del mondo, né troppo frivolo per i dotti".

In effetti, più che essere scritto in francese, il libro di Fontenelle è scritto in forma di dialogo, come suggerisce anche il titolo. Anche questa è stata un'ispirazione di Cicerone. E come nel *De finibus bonorum et malorum*, Fontenelle appare in prima persona nel racconto. Questa volta, l'autore non è il padrone di casa, ma un ospite di un'amica, una marchesa anonima. Poiché Fontenelle era un uomo di mondo, forse l'autore si è ispirato a qualche sua reale conoscenza, come forse anche l'intero libro è ispirato a qualche reale conversazione che egli ebbe nelle sue numerose serate parigine.

Così, negli *Entretiens* i due protagonisti conversano durante una serie di incontri che si svolgono nel piacevole giardino intorno alla villa della marchesa, all'imbrunire (i capitoli sono intitolati "sere"). Fontenelle racconta all'amica le meraviglie dell'universo così come sono state descritte da Copernico e Cartesio, e lei ascolta stupita, ma inizialmente non crede a ciò che le è stato raccontato.

"Come è possibile", dice la marchesa, "che ci muoviamo intorno al Sole se ogni mattina ci svegliamo nello stesso posto in cui siamo andati a letto la sera?".

Il suo amico risponde: "È come quando ci si addormenta su una barca che naviga su un fiume. Ci si ritrova nello stesso posto rispetto alle altre parti della barca".

"Ma scoprirei anche che la riva è cambiata: significa che la barca si è spostata! Questo non succede con la Terra".

"No, mia signora", dice Fontenelle. "Se guardate il cielo notturno oltre tutti gli altri pianeti, vedrete le stelle fisse: quella è la nostra riva. Se la Terra fosse stata ferma, di notte vedremmo sempre le stesse stelle; ma non è così. Nel corso di un anno, possiamo vedere apparire stelle diverse dove il Sole era di giorno. Questo è lo Zodiaco".

Per chiarire meglio questo difficile concetto, Fontenelle fa una metafora, uno strumento potente per spiegare qualcosa.

Come usare le metafore

Una metafora consiste in generale in un confronto tra due elementi: il primo è un elemento noto, il secondo è un elemento che non conosciamo ancora o che vorremmo conoscere meglio. Quindi, per fare una metafora abbiamo bisogno proprio di questi due elementi.

Prendiamo come esempio la metafora di Fontenelle. Nel caso della Terra, abbiamo qualcosa che non ci è sconosciuto, ma che vogliamo conoscere meglio: vogliamo spiegare come sia possibile che la Terra si muova. Possiamo fare un rapido elenco di tutte le caratteristiche della Terra che ci vengono in mente. La Terra è rotonda, grande, fatta di roccia, si muove, ecc.

Cominciamo a pensare al secondo elemento. Deve essere qualcosa che sia più facile da capire o che condivida qualche caratteristica con il primo elemento. In questo caso, Fontenelle ha proposto l'idea di una barca: va bene, perché anche se non abbiamo mai avuto l'occasione di viaggiare su una barca possiamo facilmente immaginare di farlo. Poi, di nuovo, facciamo un elenco: la barca è lunga, è di legno, si muove, ecc.

Nel formulare la metafora, scegliamo una caratteristica dell'oggetto che conosciamo (il secondo elemento) e la applichiamo implicitamente all'elemento che non conosciamo (il primo elemento). Potremmo dire che la stiamo trasportando, e questo è in effetti il significato etimologico del termine "metafora".

Possiamo rappresentare questo processo attraverso un diagramma. Abbiamo due cerchi; il primo rappresenta tutte le caratteristiche del primo elemento (nel nostro caso, la Terra), mentre il secondo rappresenta quelle del secondo elemento (la barca). Nel fare la metafora, i due cerchi si sovrappongono parzialmente (Fig. 5.1).

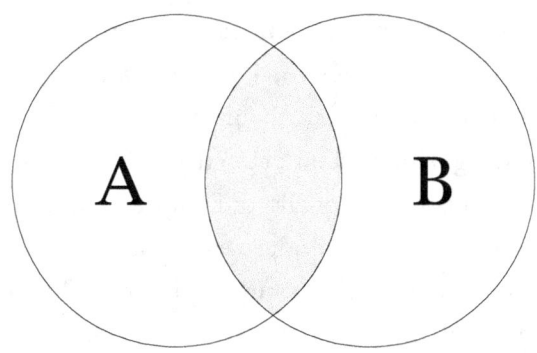

Figura 5.1. Come funziona una metafora.

Traducendo questo schema in parole, nella metafora dell'esempio, una caratteristica della barca (il fatto che si muove) è stata selezionata tra le altre e applicata alla Terra. Quindi il significato che questa metafora vuole esprimere è: "la Terra si muove come una barca su un fiume". Il paragone è in realtà implicito perché ciò di cui la metafora parla è solo il primo elemento, quello sconosciuto, mentre il trasferimento avviene solo mentalmente; è qui che risiede l'efficacia della metafora: l'ascoltatore completa da solo il paragone. A riprova di ciò, possiamo vedere che il verbo "muoversi" non è usato per descrivere ciò che fa la Terra: è un concetto che emerge spontaneamente dall'accostamento di due elementi solitamente non correlati.

La differenza tra una metafora e un semplice paragone sta nel fatto che, in teoria, una metafora non dovrebbe rendere esplicita la caratteristica comune e, per questo motivo, è considerata un mezzo espressivo più artistico di un paragone. Tuttavia, nella spiegazione di un concetto scientifico lo scopo della metafora è quello di comprenderlo, quindi non è importante se rendere esplicita la caratteristica comune o lasciarla intuire al pubblico. In questo senso, possiamo parlare in generale di metafore senza distinguerle da semplici paragoni, come si fa nel linguaggio comune.

Più i due oggetti hanno caratteristiche in comune, migliore è la metafora; ma c'è sempre un limite. Si noti che nello schema i due cerchi non si sovrappongono completamente. Torniamo all'esempio.

LA FINE DELL'AUTORITÀ

Nel dialogo, la marchesa sostiene che da una barca poteva vedere la riva e capire che la barca si muoveva; in altre parole, introduce un'altra caratteristica che inizialmente non era presente nella metafora. Ma questo non preoccupa Fontenelle, che trova subito ciò che corrisponde alla riva relativa alla Terra, e cioè lo Zodiaco. La metafora è riuscita perché ha aiutato a scoprire qualcosa in più sulla Terra.

Ma non bisogna nemmeno prendere una metafora troppo alla lettera. Come abbiamo visto, ci possono essere molte altre caratteristiche in comune tra la Terra e una barca, ma dobbiamo fare attenzione a quali sono quelle da considerare preziose. Per esempio, visto che la Terra si muove come una barca, significa forse che scorre su qualche fluido o che un vento la spinge? Ovviamente no. Una metafora ha infatti i suoi limiti, e dobbiamo solo esserne consapevoli.

L'intero libro *Entretiens sur la pluralité des mondes* è molto ricco di metafore, ed è questo che lo rende così chiaro. Nella prefazione, Fontenelle dice che in questo modo ha voluto trattare argomenti scientifici in un modo che non è affatto scientifico. Ma era anche un uomo modesto, quindi confessa di non essere sicuro di aver fatto un buon lavoro. "Può darsi", dice, "che cercando di adattare la scienza a tutti, sia riuscito a trovare un modo che non si adatta a nessuno".

Non è stato così: dopo la sua pubblicazione, il libro ha avuto molto successo. Fontenelle fu anche ammesso tra i 40 membri dell'Académie française.

Tuttavia, non abbandonò mai il suo lavoro: anche all'età di 80 anni continuò ad apportare modifiche al testo che aveva iniziato a scrivere a 27 anni. Il suo obiettivo era quello di creare un'opera letteraria perfetta che potesse durare nei secoli a venire.

Nell'ultima edizione degli *Entretiens* ha persino aggiunto un ulteriore capitolo, più lungo di tutti gli altri, che funge da conclusione.

La sesta e ultima sera, Fontenelle torna alla villa della marchesa, un po' di tempo dopo le loro precedenti conversazioni. Entrando nel giardino, incrocia il sentiero con altri due uomini che se ne vanno, chiacchierando tra loro molto divertiti. Sulla porta, la marchesa lo accoglie e gli racconta quello che è appena successo mentre iniziano a passeggiare insieme, come le altre volte. Quei due ospiti erano due rispettabili membri della società; lei li aveva accolti, avevano iniziato una conversazione e quando hanno parlato dei pianeti e delle stelle, lei aveva menzionato Copernico. Con sua grande incredulità, i due non l'avevano presa sul serio e se ne erano andati.

Figura 5.2. Fontenelle racconta all'amica le meraviglie dell'universo così come sono state descritte da Copernico e Cartesio.

Fontenelle capisce e le rivela che lui stesso non dice di essere un copernicano a tutti: solo a quelli di cui si fida veramente. È il prezzo da pagare per vivere in una società senza troppi problemi. Uno strano modo di vivere per chi ha scritto un libro che cerca di adattare la scienza a tutti. Ma in un certo senso, questo è anche ciò che aveva fatto il suo maestro. E, a differenza di Giordano Bruno, ricevette molti onori e visse anche una vita lunga e serena: morì all'età di 99 anni.

Newtonianismo per le dame

Due secoli dopo che Copernico si era recato a Bologna da studente, l'astronomia era diventata una delle materie principali dell'università. Cartesio aveva preso il posto di Aristotele, e in città si incontravano molti altri astronomi esperti e studenti provenienti da tutti gli stati d'Italia, all'epoca non ancora uniti. Uno di questi era Francesco Algarotti, uno dei tanti figli di una nobile famiglia della Repubblica di Venezia.

Durante le lezioni di astronomia, il giovane dimostrò il suo talento e il suo acume, e uno dei professori, Francesco Maria Zanotti, ne rimase davvero colpito. Così, volle prendere l'allievo sotto il suo tetto e introdurlo a una scoperta più recente, la teoria della luce di Sir Isaac Newton.

Molti anni prima, Newton era stato studente al Trinity College di Cambridge, ed era davvero molto brillante: i professori erano rimasti così colpiti dalla sua abilità in matematica e fisica che gli offrirono il titolo di professore non appena si era laureato. Tuttavia, l'università dovette chiudere a causa di una terribile peste e Newton dovette tornare momentaneamente nella sua città natale. In quegli anni studiò da vicino il fenomeno della luce e fece anche alcuni esperimenti per prevederne il comportamento. Prese nota delle sue scoperte, poi le sviluppò ulteriormente nel suo saggio intitolato *Opticks*.

Il libro era quasi pronto, mancava solo un editore. Quando la bozza arrivò alla Royal Society, generò alcune controversie a causa delle sue conclusioni. Uno dei soci, l'illustre fisico Robert Hooke, rifiutò il manoscritto e criticò aspramente l'autore. Da allora Newton lo odiò sempre. Robert Hooke non aveva nulla di personale contro Newton, ma si trovò a discutere nuovamente con lui alcuni anni dopo. Dopo che Newton ebbe formulato le sue famose leggi sulla gravitazione, Hooke sostenne di essere stato plagiato in alcuni passaggi. Nel tentativo di riconciliare i due, la Royal Society propose a Newton di pubblicare *Opticks* a condizione di dare credito a Hooke, ma Newton rifiutò. Solo dopo la morte di Hooke Newton accettò di far parte della Royal Society e alla fine ne divenne addirittura presidente.

Molti anni dopo, a Bologna, Algarotti scoprì Newton sotto consiglio di Zanotti, e lesse *Opticks* per conto suo, provando addirittura a ripetere gli esperimenti in esso descritti: come Newton, andò in una stanza vuota e chiuse tutte le fonti di luce, tranne un minuscolo foro in una finestra, da cui poteva passare un sottile raggio di sole, puntato sulla superficie di un tavolo. Su quel tavolo, nel punto in cui colpiva la luce, mise poi un prisma triangolare di vetro, lo stesso strumento usato da Newton. Algarotti, vedendo ciò che accadeva, rimase sbalordito.

Cominciò allora a chiedersi se poteva scrivere anche lui un libro sulla nuova teoria della luce, in modo che anche altri studenti e persone colte potessero conoscerla meglio. Tuttavia, il suo professore Zanotti lo dissuase dall'intraprendere un compito così difficile.

Nel frattempo, gli altri professori continuavano a insegnargli la vecchia teoria di Cartesio. Ma dopo aver letto Newton, Algarotti si annoiava sempre di più durante le lezioni all'università, e alla fine la abbandonò.

Lesse poi anche alcuni libri di Galileo, che vennero ristampati di nuovo un secolo dopo la sua morte; e appena apprese della sua vicenda, rimase deluso dal modo in cui il suo Paese aveva trattato un grande scienziato come lui. Cominciò a sognare l'Europa, dove aveva sentito dire che la scienza era più vivace che in Italia. Così, come molti altri nobili dell'epoca che potevano permettersi di stare lontano da casa per un lungo periodo, partì per un viaggio nelle principali città del continente.

A Londra poté incontrare alcuni membri della Royal Society e il nipote di Sir Isaac Newton. Migliorò anche il suo inglese attraverso la letteratura, leggendo le poesie di Alexander Pope e anche *I viaggi di Gulliver* di Jonathan Swift, che egli lodò più volte nei suoi scritti per il suo sottile umorismo.

A Parigi, Algarotti partecipava sempre agli eventi più eleganti della città, dove poteva sfoggiare la sua erudizione e la sua arguzia. Si fece conoscere per aver scritto alcuni pamphlet in francese contro i detrattori di Newton; ma incontrò anche il più eminente seguace di Cartesio, cioè il vecchio Bernard de Fontenelle. Ebbe così modo di leggere gli *Entretiens* e li apprezzò molto.

Rimanendo in Francia, fu infine raggiunto dalla fama del grande filosofo Voltaire e, avendo sentito che anche lui era un sostenitore di Newton, era curioso di conoscerlo di persona, così gli scrisse. Voltaire fu contento di aver trovato un giovane interessato alle nuove scoperte della scienza, così diede il suo consenso per un incontro. I due si incontrarono finalmente nel castello di Cirey, la villa dell'amante di Voltaire, la talentuosa fisica Madame du Châtelet.

Voltaire si nascondeva lì per fuggire da alcuni persecutori politici, e nel frattempo prendeva lezioni da Madame du Châtelet sulla teoria di Newton; un'occasione che assomigliava un po', a parti invertite, a quella descritta negli *Entretiens* di Fontenelle. La coppia fece subito amicizia con il giovane Algarotti e Madame gli propose di rimanere, in modo che anche lui potesse seguire le sue lezioni. Quando questi accettò, Voltaire fu lieto di mostrargli anche un altro dei suoi progetti: un saggio su Newton. Algarotti lesse con interesse la prima stesura. Poi, mentre quei giorni a Cirey passavano tra studio e allegre conversazioni, volle unirsi all'amico in un'impresa simile. Da quando era studente a Bologna, pensava a un libro su Newton, e questa era l'occasione giusta per dargli forma.

I due lavorarono insieme per mesi, scambiandosi i capitoli finiti e condividendo i suggerimenti. Alla fine Voltaire portò a termine i suoi *Éléments* de la philosophie de Newton (all'epoca "filosofia" significava ancora "scienza"); Algarotti invece terminò il libro intitolato *Newtonianismo per le dame* (1737).

Quello di Voltaire era un lungo e articolato saggio che aveva scritto per spiegare a un vasto pubblico la complicata teoria della luce, ma anche per capirla meglio lui stesso. Quello di Algarotti era completamente diverso. Si trattava di un racconto scritto in forma di dialogo, in cui compariva l'autore stesso, ospite in una bella villa di una gentile marchesa... In effetti, era molto simile agli *Entretiens* di Fontenelle, con l'eccezione che l'autore spiegava la teoria di Newton invece di quella di Cartesio.

Algarotti rende omaggio a Fontenelle dedicandogli l'intero libro e lodandolo in una lettera che mette come prefazione. Dice all'uomo che lo ha ispirato: "Siete il solo che abbia riportato la scienza dai gabinetti solitari dei dotti ai circoli delle signore". Madame du Châtelet, che aveva letto tutto il *Newtonianismo*, scherzò con lui perché inizialmente pensava che la marchesa fosse lei – invece, a quanto pare, Algarotti aveva scelto che fosse il vecchio Fontenelle!

Il libro si apre con i due protagonisti che fanno una passeggiata nel giardino della villa della marchesa e poi si siedono sotto un albero per leggere alcune poesie. Dopo aver fatto apprezzare alla marchesa alcuni versi di Alexander Pope, Algarotti le confessa di aver scritto qualcosa anche lui. Lei lo prega di leggere, e Algarotti apre il suo taccui-

Figura 5.3. Francesco Algarotti racconta alla marchesa le scoperte di Newton sulla luce.

no. La sua piccola poesia è dedicata a Laura Bassi, la prima donna laureata in fisica all'Università di Bologna, esperta della teoria della luce di Newton. Algarotti legge ad alta voce, e mentre parla della luce la descrive come "settèmplice"; a questo punto, la marchesa lo ferma e gli chiede cosa significhi questa parola. E poi scherza: "Hai dedicato la tua poesia a una dama, ma un'altra dama non è riuscita a capirla!".

Un po' imbarazzato, Algarotti deve rimediare; ma per spiegare una sola parola, deve esporre tutto quello che sa su Newton. Un discorso scientifico ha spesso la sua occasione dalla spiegazione di una parola difficile che il pubblico non riesce a capire.

Prima di presentare Newton, Algarotti fa una breve lezione di storia delle scoperte scientifiche: prima elogia Galileo, poi parla di Cartesio, in particolare della sua teoria della luce. La luce, secondo Cartesio, era composta da particelle microscopiche che egli chiamava globuli; i globuli di luce riempiono tutto lo spazio disponibile, spingendosi l'un l'altro per pressione. Con un'efficace metafora, Algarotti dice che Cartesio considerava un raggio di luce come una lancia: se una lancia viene spinta sull'asta, si muove anche la punta.

Tuttavia, se questo fosse vero, creerebbe un problema. Nei suoi *Éléments*, Voltaire lo mostra con uno schema che rappresenta due occhi umani che fissano due colori diversi su una parete. Se Cartesio ha ragione, le due linee di globuli che provengono dai due punti dovrebbero incrociarsi nel punto A in Fig. 5.4.

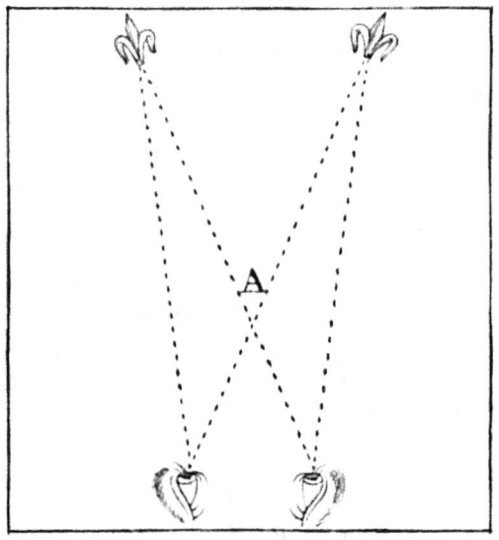

Figura 5.4

Ma se così fosse, i globuli sulle linee dovrebbero mescolarsi, oppure una linea dovrebbe bloccare l'altra. Rifacendosi alla metafora di Algarotti, due lance non possono incrociarsi al centro. Allora come è possibile vedere due colori distinti su una parete?

Nel *Newtonianismo per le dame*, Algarotti lo spiega ancora meglio e senza schemi, facendo un esperimento con la marchesa. Tornati nella villa, i due entrano in una galleria di quadri e si fermano davanti a un grande dipinto. L'ospite invita l'amica a mettersi in un angolo sul lato opposto della sala, mentre lui si posizionerà in quello immediatamente vicino. Dice poi alla marchesa di guardare il manto rosso raffigurato su un lato del quadro, chiudendo un occhio e osservando attraverso la punta di un candeliere posto su un tavolo al centro della stanza, come se stesse mirando con un fucile. Lui fa lo stesso, ma mirando al mare che si trova dall'altro lato del quadro. Quindi, stanno guardando due punti diversi del quadro, ma attraverso un punto comune. Poi Algarotti spiega alla marchesa che i globuli di luce che provengono dal mare devono andare nel suo occhio, mentre quelli che provengono dal manto devono andare in quello di lei. Sulla punta della candela, attraverso la quale entrambi puntano, dovrebbe esserci un globulo che spinge entrambe le linee. "Ma questo sarebbe impossibile", dice Algarotti alla marchesa, "perché sarebbe come se voi steste percorrendo due strade contemporaneamente". Un'altra metafora.

La spiegazione della teoria di Cartesio può sembrare superflua, ma in realtà era essenziale per capire perché si sbagliava. Solo a questo punto, Algarotti racconta alla marchesa l'esperimento che lui stesso ha fatto con un raggio di luce in una stanza buia. Voltaire, invece, nei suoi *Éléments*, utilizza un altro schema (Fig. 5.5) che mostra una persona (il lettore) all'interno di una stanza buia.

Figura 5.5

Voltaire fornisce direttamente al lettore le istruzioni per eseguire correttamente l'esperimento da solo: "Mettete un prisma triangolare trasversalmente al raggio di luce. Se il raggio non si piegasse, continuerebbe sulla linea tratteggiata Z. Invece va a finire nel foglio di carta P che è appeso alla parete. Lì vedrete il segreto della luce". Infatti, come aveva scoperto Newton, un raggio di luce che passa attraverso un prisma triangolare si divide in sette colori, che nel foglio di carta sono (dall'alto in basso) viola, indaco, blu, verde, giallo, arancione, rosso.

Ecco perché Algarotti all'inizio del suo libro ha usato il termine "settèmplice" per descrivere la luce: la luce è fatta di sette colori. La parola (derivata dal latino *septemplex*) segue lo stesso modello dell'aggettivo "molteplice", composto di "molto" + "-plice", un suffisso derivato dal verbo latino *plicare* "piegare", che può indicare anche l'atto di piegare e dispiegare qualcosa su sé stesso come un ventaglio o la foglia di una palma. Al posto dell'avverbio "molto", si usa il numerale "sette". Quindi, come la parola "molteplice" vuol dire "dispiegato molte volte", così "settèmplice" vuol dire "dispiegato sette volte". Per esempio, nelle *Metamorfosi* del poeta latino Ovidio (libro 5, v. 187) il fiume Nilo è definito settèmplice, perché il suo delta era allora composto da sette foci. (Oggi, dopo che il corso del fiume è stato modificato in vari modi, il delta si suddivide in due rami maggiori, quello di Rosetta a ovest, e quello di Damietta a est).

Il fatto che la luce sia composta dai vari colori significa anche che essi non sono una caratteristica degli oggetti, ma della luce che li colpisce. Così, Algarotti propone un'altra metafora: la luce non funziona come una lancia che viene spinta sull'asta; un raggio di luce è invece come un filo fatto di fili più piccoli dei sette diversi colori.

Dopo la sua pubblicazione, *Newtonianismo per le dame* divenne molto popolare, fu tradotto in francese e in inglese, e ci fu anche l'intenzione di tradurlo in russo. Fu un libro apprezzato all'epoca; stranamente, solo Voltaire, amico dell'autore, ne rimase un po' deluso. Lo considerava la versione italiana a buon mercato degli *Entretiens*; ma il difetto maggiore era a suo dire la dedica a Fontenelle, un vecchio sostenitore di Cartesio, che non poteva certo cambiare idea.

Leggendo queste critiche, Algarotti non se la prese, e anzi riferì all'amico di stare già lavorando a una seconda edizione in cui vi avrebbe rimediato. Nel frattempo, tornò in Italia e andò a trovare il professor Zanotti a Bologna. Il professore quasi non riusciva a riconoscere il suo vecchio studente, tanto questi era cambiato in seguito al suo viaggio. Il giovane raccontava che mentre tutte le altre nazioni europee erano unite sotto una sola capitale e una sola lingua, il suo Paese non aveva una "ghiandola pineale" (come l'avrebbe chiamata Cartesio). Lamentava anche che la cultura in Italia fosse così legata a un passato sontuoso ma superato. A un amico che aveva comprato dei libri a Venezia disse: "Non mi stupirei se li trovaste noiosi". Lui infatti, nella prefazione del *Newtonianismo*, si vantava di essere l'unico ad aver portato alle signore qualcosa da leggere che non fosse un'antologia di tediosi sonetti d'amore.

L'Europa era forse il luogo dove Algarotti apparteneva davvero, e dove era anche apprezzato; infatti, mentre il suo libro si diffondeva all'estero, tradotto in ben tre lingue, nel suo Paese fu improvvisamente censurato: ancora una volta come i libri di Galileo, il *Newtonianismo per le dame* fu messo nell'Index Librorum Prohibitorum. La motivazione ufficiale è ancora sconosciuta, ma ci sono state molte speculazioni. Per esempio, forse si riteneva inappropriato mostrare un uomo e una donna che conversavano da soli e talvolta flirtavano. O forse si trattava di un problema legato all'elogio di Galileo, condannato dalla Chiesa, e alla diffusione della teoria di Newton, ancora non accettata; inoltre, l'autore era sospettato di far parte della massoneria poiché aveva viaggiato in Inghilterra, dove altri nobili membri di quella società segreta avrebbero potuto invitarlo a entrare.

Ma forse il *Newtonianismo per le dame* è stato censurato perché era allo stesso tempo un libro popolare e provocatorio. In effetti, anche se Voltaire aveva più o meno ragione, ha chiaramente mancato il senso della prefazione. Dedicando il libro a Fontenelle, membro dell'Académie française, e confutando Cartesio, Algarotti portò la nuova teoria di

Newton nel cuore dell'accademia, mettendo così in discussione l'autorità scientifica.

Forse questo fu troppo, e il libro fu proibito. Tuttavia, nemmeno quando fu censurato Algarotti lasciò perdere. Continuò a perfezionare la bozza della seconda edizione; ma nel frattempo si trasferì dall'Italia e si stabilì in Germania, dove Federico II lo accolse alla sua corte e gli conferì il titolo di conte.

Finalmente uscì la nuova edizione. Era molto diversa dalla prima, più precisa dal punto di vista scientifico ma meno letteraria. La dedica a Fontenelle fu eliminata e sostituita da una nuova scritta in francese e indirizzata a Federico II. Inoltre, il titolo cambiò: ora era *Dialoghi sopra l'ottica neutoniana*. In questo modo, il nuovo libro era formalmente diverso da quello messo all'Indice. A quanto pare, questo fu sufficiente per aggirare la censura.

Il libro e lo spettacolo

Nella storia della divulgazione scientifica, due sono le principali metafore che rappresentano l'atto di parlare della natura e di descriverla al pubblico: la metafora del libro e la metafora dello spettacolo.

La metafora del libro si trova in *Il saggiatore* di Galileo. Nella prefazione, egli dice che la natura è come un libro scritto in linguaggio matematico. Quello che Galileo vuole fare è tracciare un parallelo implicito tra il più importante dei libri cristiani, la Bibbia, e quello che lui chiama il libro della natura. Tuttavia la Bibbia è scritta in latino (almeno nelle traduzioni più diffuse all'epoca), e anche se era il linguaggio scientifico, aveva comunque bisogno dell'interpretazione di un'autorità. Invece, il linguaggio matematico in cui è scritto il libro della natura non solo è universale, ma chiunque può impararlo da sé. Per leggere il libro della natura non c'è bisogno di autorità.

Per questo motivo la metafora del libro può rappresentare tutti quei libri che vogliono spiegare al lettore gli aspetti più complicati della natura. Un esempio di libro di questo genere può essere *Éléments de la philosophie de Newton*, dove Voltaire confronta la teoria di Cartesio con quella di Newton, in modo da dimostrare perché quest'ultimo ha ragione. L'autore si rivolge direttamente al lettore, guidandolo passo dopo passo attraverso paragrafi chiari e concisi, completamente privi di figure retoriche o fraseggi complicati. L'unica decorazione alle parole sono gli schemi, commentati nel testo e riferiti alle loro parti con l'aiuto di lettere che fungono da etichette (A, B, ecc.), in modo da non lasciare spazio ad ambiguità nella spiegazione.

L'intento principale degli *Éléments* è infatti quello di fornire al lettore qualche nozione che possa essere immediatamente messa in pratica. Questo e gli altri libri di questo tipo vogliono essere utili, non piacevoli.

L'altra metafora della divulgazione scientifica è quella dello spettacolo, utilizzata ad esempio da Fontenelle. All'inizio degli *Entretiens sur la pluralité des mondes*, l'autore vuole spiegare l'impresa scientifica alla sua amica, la marchesa. Così le dice: "La natura è come un grande spettacolo. Dalla vostra poltrona non potete vedere cosa succede veramente nella scena, perché le macchine che rendono possibili tutti quei piacevoli effetti speciali sono state nascoste alla vista. Ma non ve ne preoccupate e vi godete lo spettacolo. Invece, il macchinista che vuole sapere a tutti i costi come funzionano le cose è un po' come gli scienziati".

I libri divulgativi che si servono della metafora dello spettacolo mettono in evidenza ciò che di meraviglioso c'è in natura in modo da alimentare l'immaginazione di chi legge, e anche la loro curiosità. Il loro coinvolgimento non è solo intrattenimento, ma un incoraggiamento a scoprire di più altrove. Per questo motivo i libri di questo tipo non hanno bisogno di essere precisi come quelli utili. In genere si servono di metafore per spiegare concetti difficili, il linguaggio è ricco di immagini evocative, e se ci sono figure non sono schemi ma splendide illustrazioni da ammirare con stupore. Inoltre, mentre i libri utili sono scritti in forma di monologo, quelli spettacolari sono spesso scritti in forma di dialogo. L'autore di un dialogo rappresenta spesso se stesso mentre spiega una teoria innovativa a qualche novizio, come le due marchese negli *Entretiens* e il *Newtonianismo per le dame*. Anche in questi casi, però, il destinatario ultimo del messaggio è il pubblico che legge, che partecipa silenziosamente al dialogo e si identifica con i personaggi a cui l'autore fornisce la propria spiegazione.

Dopo Galileo e Fontenelle, queste due metafore hanno avuto molta fortuna in letteratura.

La metafora dello spettacolo ritorna nell'ampia opera dell'abate Pluche intitolata *Le spectacle de la nature*. Si tratta infatti di un libro molto particolare che può essere definito come un'enciclopedia scritta in forma di dialogo. I suoi otto volumi trattano molti argomenti generali, ordinati per dimensione degli oggetti (dagli insetti alle stelle), perché l'autore ha voluto seguire lo stesso ordine che Dio ha seguito per creare il cosmo; questa strana disposizione è ordinata grazie agli indici alfabetici alla fine di ogni volume. Questa singolare enciclopedia uscì addirittura qualche anno prima della più famosa enciclopedia compilata da Denis Diderot e Jean-François d'Alembert, e anche se fu spesso criticata per le sue

LE SPECTACLE
DE
LA NATURE,
OU
ENTRETIENS
SUR LES PARTICULARITÉS
DE
L'HISTOIRE NATURELLE,
Qui ont paru les plus propres à rendre
les Jeunes-Gens curieux, & à leur
former l'esprit.

PREMIÈRE PARTIE,

CONTENANT CE QUI REGARDE
les Animaux & les Plantes.

TOME PREMIER.

A PARIS,
Chez les Freres ESTIENNE, rue S. Jacques,
à la Vertu.

M. DCC. LIV.
Avec Approbation & Privilège du Roi.

Figura 5.6. Primo volume di *Le spectacle de la nature* dell'abate Pluche (Parigi, 1754).

imprecisioni da uno dei suoi collaboratori (Voltaire, ovviamente), fu anche citata più volte.

Come in ogni libro che mira alla spettacolarità, il coinvolgimento del pubblico ha una grande importanza: nella prefazione al primo volume, l'abate Pluche dice: "Non c'è modo migliore della curiosità per aprire le menti dei giovani". E per aiutarli a identificarsi meglio con i partecipanti al dialogo, l'autore sceglie i suoi personaggi con cura. A differenza di Cicerone, che si inserisce nella storia, qui l'abate non prende parte ai dialoghi, ma si limita a fare il suo intervento nella prefazione. Dice anche: "Siamo più propensi a imparare da coloro che ci sono simili, perché ascoltandoli abbiamo la tendenza a imitarli". Così, mentre Fontenelle e Algarotti conversavano con due nobildonne, in *Le spectacle de la nature* ci sono cavalieri, conti, ecclesiastici e borghesi. In questo senso, la metafora dello spettacolo nel titolo del libro rappresenta anche la diversità del pubblico che si riunisce a teatro.

La metafora del libro si ritrova in un'altra opera dello stesso periodo: *The Microscope Made Easy* ("Il microscopio facile"; 1743), di Sir Henry Baker, membro della Royal Society, che scrive una guida per insegnare ai lettori l'uso del sofisticato strumento scientifico inventato un secolo prima e battezza-

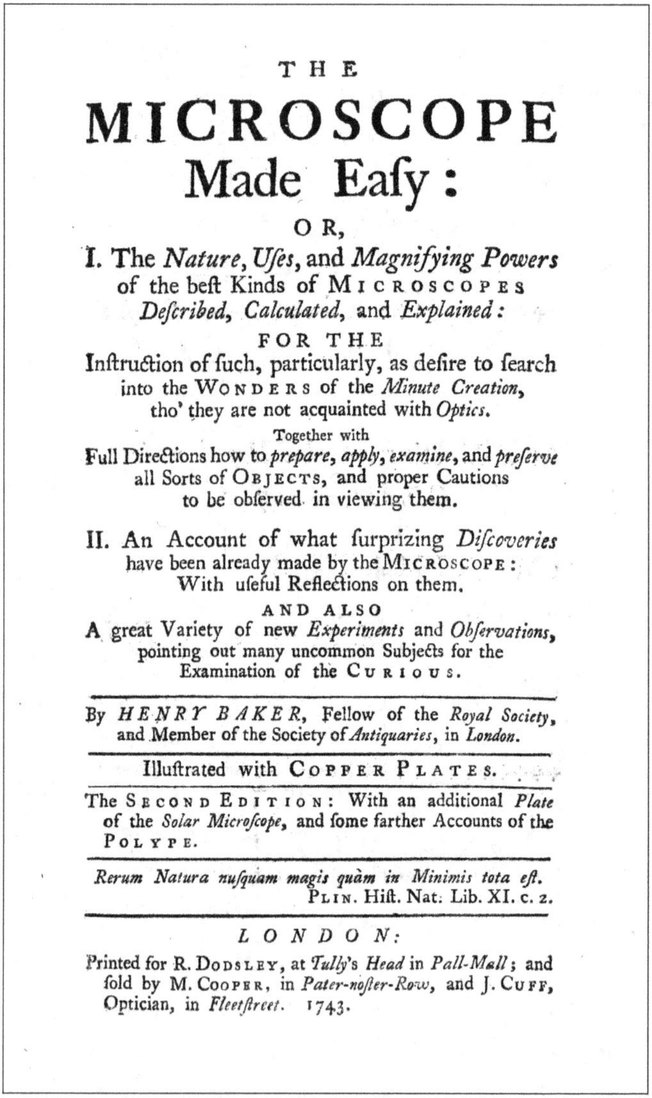

THE

MICROSCOPE
Made Eafy:
OR,

I. The *Nature, Uses*, and *Magnifying Powers*
of the beft Kinds of MICROSCOPES
Defcribed, Calculated, and *Explained*:

FOR THE

Inftruction of fuch, particularly, as defire to fearch
into the WONDERS of the *Minute Creation*,
tho' they are not acquainted with *Optics*.

Together with

Full Directions how to *prepare, apply, examine*, and *preferve*
all Sorts of OBJECTS, and proper Cautions
to be obferved in viewing them.

II. An Account of what furprizing *Difcoveries*
have been already made by the MICROSCOPE:
With ufeful Reflections on them.

AND ALSO

A great Variety of new *Experiments* and *Obfervations*,
pointing out many uncommon Subjects for the
Examination of the CURIOUS.

By *HENRY BAKER*, Fellow of the *Royal Society*,
and Member of the Society of *Antiquaries*, in *London*.

Illuftrated with COPPER PLATES.

The SECOND EDITION: With an additional *Plate*
of the *Solar Microfcope*, and fome farther Accounts of the
POLYPE.

Rerum Natura nufquam magis quàm in Minimis tota eft.
PLIN. Hift. Nat. Lib. XI. c. 2.

LONDON:

Printed for R. DODSLEY, at *Tully*'s *Head* in *Pall-Mall*; and
fold by M. COOPER, in *Pater-nofter-Row*, and J. CUFF,
Optician, in *Fleetftreet*. 1743.

Figura 5.7. *The Microscope Made Easy* di Sir Henry Baker (Londra, 1743).

to con quel nome da Federico Cesi, il fondatore dell'Accademia dei Lincei.

Nella prefazione, dopo la deidica ai suoi soci, Baker dice: "I mari e le montagne, le comete e le stelle sono le LETTERE MAIUSCOLE del grande libro della natura, ma le *lettere minuscole* sono molto più frequenti". Le lettere minuscole sono qui i microrganismi e i cristalli che possono essere visti solo attraverso lenti d'ingrandimento, il microscopio è considerato uno strumento per leggere il libro della natura come lo era il linguaggio matematico per Galileo; e come il linguaggio matematico, l'uso del microscopio può essere facilmente imparato da chiunque in autonomia, o almeno con l'aiuto del libro di Baker. Continuando nella prefazione, infatti, l'autore si rallegra anche del fatto che ormai tale strumento, prima riservato solo ai professionisti, è ora più alla portata di tutte le tasche.

La prima parte del libro elenca e spiega i diversi tipi di microscopi, dai più semplici ai più complessi. Oltre al testo, di ogni modello viene fornita una nitida illustrazione a tutta pagina; le varie componenti sono contrassegnate da lettere, e la loro funzione e il loro utilizzo sono descritti nel dettaglio. La qualità di queste stampe poteva essere ottenuta solo con le incisioni su rame, una tecnica di stampa preziosa menzionata fin dalla copertina, per invogliare l'acquisto.

L'antico processo di stampa delle illustrazioni attraverso le incisioni era davvero costoso, ma era un'arte che produceva risultati sorprendenti. Consisteva in tre fasi: 1) l'artista incideva la figura su una lastra di rame; 2) vi versava l'inchiostro e, per stenderlo uniformemente, picchiettava la lastra con una o due borse di cuoio morbido. Infine, 3) dopo aver stampato le parole, il foglio di carta veniva passato nuovamente sotto il torchio, posizionando la lastra inchiostrata sulle pagine bianche o in coincidenza con ampi spazi bianchi lasciati tra i paragrafi. Intorno a queste immagini si vedeva di solito un alone quadrato, traccia della pressione della lastra da cui erano state ricavate.

Nella seconda parte di *The Microscope Made Easy*, lo strumento viene messo in funzione: l'autore si rivolge direttamente al lettore e lo guida nella scelta e nell'analisi dei campioni, che sono oggetti comuni come sale, acqua piovana e pesce. Mentre la prefazione aveva una prosa sontuosa, funzionale a elogiare la Royal Society, qui il linguaggio è diretto e chiaro. Le illustrazioni di questa parte rappresentano i campioni ingranditi e talvolta sezionati; quando l'illustrazione supera il bordo della pagina, il foglio in cui è stampata viene piegato a metà, in modo che il lettore debba aprirlo solo quando serve. In effetti, questo libro potrebbe essere letto nello stesso momento in cui i consigli in esso contenuti vengono messi in pratica, tenendo il libro in grembo mentre si è al microscopio.

The Microscope Made Easy, in quanto appartenente al genere dei libri utili, si colloca a metà strada tra un testo scientifico avanzato e uno di divulgazione scientifica, in quanto si rivolge a un lettore generico senza alcuna conoscenza della materia, che dopo averlo letto deve aver imparato qualcosa. Chi legge questo tipo di libri può iniziare a imparare per hobby e, dopo un periodo da autodidatta, può anche pensare di specializzarsi nel campo. Molti scienziati hanno iniziato così.

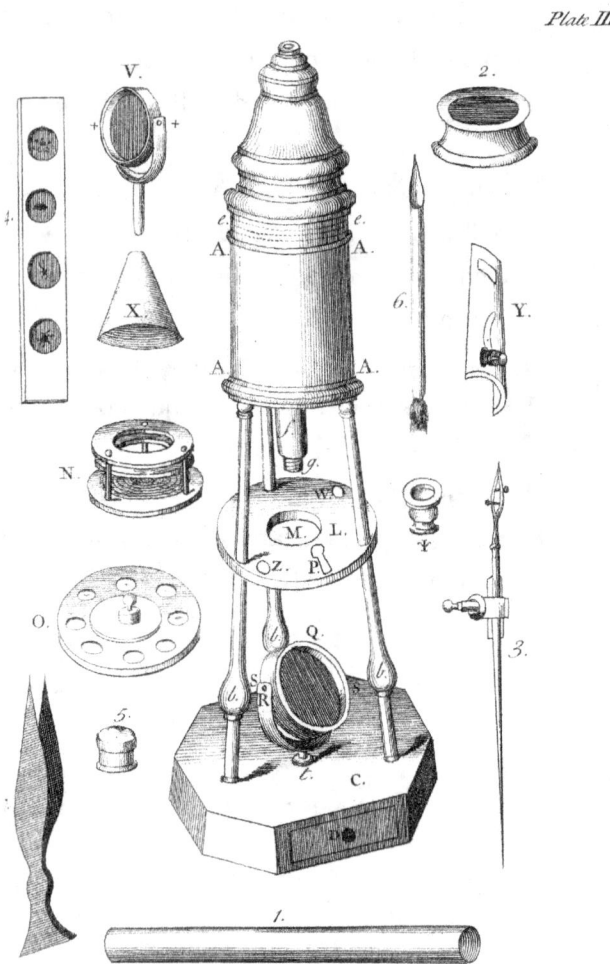

Figura 5.8. Illustrazione di un microscopio da *The Microscope Made Easy*.

6.
Gli imprenditori scientifici

Fuori dalle comunità scientifiche, molte persone sono sempre state curiose di scienza. Le riviste scientifiche sul modello di *Philosophical Transactions* non servono a molto a questa gente, perché vengono pubblicate solo una volta al mese e sono troppo complesse per chi non è un esperto.

L'innovazione tecnologica ha permesso agli editori di fornire contenuti a queste persone e di ottenere grandi profitti. Nella seconda metà del 1800, il perfezionamento della rotativa permise di stampare 20 000 copie all'ora, una cifra straordinaria per l'epoca. Ciò rese possibile la produzione di massa di periodici che erano allo stesso tempo economici, settimanali e interessanti per un pubblico generico.

Oltre ai contenuti scritti, le illustrazioni erano essenziali per suscitare la meraviglia dei lettori o per aiutarli a comprendere gli argomenti più sofisticati.

Fu un successo; infatti, la divulgazione scientifica nel senso moderno del termine è un business editoriale.

L'almanacco di Benjamin Franklin

Benjamin Franklin è noto soprattutto come uno dei padri fondatori degli Stati Uniti d'America. Fu anche un prolifico inventore: inventò il parafulmine, gli occhiali bifocali e un modello di stufa molto efficiente. Ma prima di tutto questo, per gran parte della sua vita Franklin fu un editore.

Iniziò a lavorare a soli 12 anni nella tipografia del fratello James, a Boston, la città in cui era nato. Si occupava della composizione dei caratteri per il giornale diretto da James; ma un giorno inserì alcune sue poesie al posto delle notizie locali. L'idea fu apprezzata dai lettori, ma non dal fratello, che lo cacciò dall'attività. Da adulto, voleva trasferirsi in una città più grande e più aperta, e si stabilì a Filadelfia. Lì il governatore William Keith lo accolse e gli suggerì di avviare un'attività di stampa in proprio. Franklin chiese come avrebbe potuto iniziare, e Keith rispose di avere alcuni amici a Londra che avrebbero potuto vendergli i tipi, molta carta e i macchinari; lo invitò a incontrarli in Inghilterra, promettendogli anche che avrebbe scritto una lettera per presentarlo.

Convinto dal governatore, Franklin fu lieto di accettare e si preparò a partire. Tuttavia, all'improvviso il governatore disse che avrebbe inviato la lettera direttamente a Londra; così, Franklin dovette salpare senza alcun documento ufficiale. Una volta lì, dopo un mese di navigazione, scoprì che la lettera non era mai arrivata e capì finalmente che il governatore lo aveva ingannato: le persone che incontrò lì dissero di non aver mai sentito il nome di Keith. L'uomo non aveva cattive intenzioni: semplicemente non poteva fare a meno di alimentare i sogni di un giovane.

Deluso e frustrato, Franklin fu anche costretto a rimanere lì, perché non poteva permettersi la via del ritorno. Ebbe però una piccola fortuna: riuscì a trovare un impiego come tipografo.

Lavorando nella capitale, migliorò anche le sue conoscenze. Si interessò in particolare a un particolare tipo di pubblicazione che all'epoca era davvero molto redditizia: gli almanacchi.

Gli almanacchi sono un tipo di periodico molto antico, che esiste fin dagli albori della scrittura. Sono stati scritti su ogni tipo di supporto, dalla pietra al papiro, e solo nel Medioevo sono stati scritti su carta. Gli almanacchi medievali erano in latino, perché erano uno strumento professionale per prevedere gli eventi astronomici futuri, una sorta di versione tascabile delle Tavole Alfonsine. Anche il nome è medievale: "almanacco" potrebbe far pensare a un'origine araba per via dell'iniziale "al", che in quella lingua è l'articolo determinativo; ma più probabilmente la parola è nata in Occidente e imita semplicemente l'arabo, perché gli arabi all'epoca erano famosi per la loro competenza astronomica.

Dopo l'invenzione della stampa, gli almanacchi divennero opuscoli di poche pagine, stampati su carta di scarsa qualità e decorati con xilografie a basso costo, a volte nemmeno molto attinenti al testo. Nel XVIII secolo, gli almanacchi divennero finalmente un'attività molto redditizia per gli stampatori, in quanto si diffusero in modo capillare tra tutte le classi sociali, perché ormai erano scritti nel vernacolo del Paese in cui venivano stampati (quindi esistevano almanacchi in inglese, francese, italiano, ecc. e a volte il contenuto viaggiava da un Paese all'altro tramite traduzione).

Oltre al calendario, che rimaneva l'elemento essenziale di ogni esemplare, esistevano anche diversi altri tipi di contenuti, a seconda del tema dell'almanacco. Come poté notare Franklin, esistevano almanacchi di tutti i tipi e per tutti i gusti: il *Woman's Almanack* era dedicato alle signore colte e forniva loro indovinelli ed enigmi per intrattenersi; l'*Apollo Anglicanus* era pubblicato da Richard Saunder e faceva previsioni astronomiche e meteorologiche, offrendo quindi più contenuti di scienza popolare che di superstizione; il *Poor Robin's*, un almanacco che parodiava gli altri almanacchi facendo previsioni false, satireggiando i re e prendendo in giro le persone di spicco; e molti, molti altri almanacchi.

Gli almanacchi erano davvero un prodotto popolare. Talmente erano economici, gli almanacchi erano l'unico libro stampato che ogni famiglia aveva in casa. Come descritto in uno dei dialoghi del poeta Giacomo Leopardi, se un passeggero si fosse fermato all'angolo di una strada alla fine dell'anno, presto gli si sarebbe avvicinato un venditore con la sua preziosa merce appesa al collo.

Inoltre, erano convenienti da produrre. Facendo riferimento ad alcune stime degli almanacchi venduti a Londra nel XVII secolo (non molto tempo prima che Franklin iniziasse a lavorare in città), il costo di produzione per 1000 copie di un almanacco ordinario era di circa 8 sterline (circa 1000 euro di oggi), e ogni singola copia veniva rivenduta fino a cinque volte il suo costo. Per quanto riguarda gli autori, di solito venivano pagati 2 sterline (circa 240 euro), oppure, se erano davvero talentuosi, potevano accordarsi con l'editore per essere pagati di più, ma solo dopo aver raggiunto un certo numero di copie vendute, ad esempio 60 sterline (circa 6000 euro) per 20 000 copie.

La pirateria era una cosa normale. Ogni tanto qualcuno si intrometteva nella produzione, anche con il consenso dello stampatore, riuscendo a far stampare in sovrannumero ben 5000 copie pirata, che poi rivendeva sottraendo i profitti al vero proprietario.

Se tutto andava bene per gli imprenditori, invece, potevano anche fare una piccola fortuna. Tuttavia, poiché gli almanacchi erano così numerosi, la concorrenza era dura: alla fine di ogni anno le stamperie erano sommerse dagli ordini, tanto che molti lotti superavano spesso le vendite, e poiché erano inutilizzabili dopo le feste venivano inviati all'amministrazione cittadina per essere distrutti.

Così, Franklin trascorse a Londra circa 18 mesi; divenne più esperto nel suo mestiere, ma non così ricco. In ogni caso, si era stancato della capitale. Fece quindi un accordo con un mercante di Boston e, dopo aver lavorato brevemente per lui come impiegato, poté tornare con la sua nave a Filadelfia.

In patria, molte cose erano cambiate. L'uomo che lo aveva ingannato, Keith, non era più il governatore: era sparito senza mai assumersi la responsabilità di ciò che aveva fatto. Tuttavia, Franklin non perse tempo a inseguirlo e si stabilì a Filadelfia, dove si sposò. In seguito, fece conoscenza con tutte le altre persone colte della città e insieme si riunirono ogni venerdì in una birreria abbandonata, discutendo di scienza e filosofia. Si chiamarono Junto Club.

È in questo periodo che Franklin si impegnò sempre di più in politica. Infatti, sotto la nuova amministrazione la città era ancora più mal gestita di prima e mancava di alcuni servizi essenziali: per esempio, non c'era nessuna biblioteca e chi voleva leggere doveva farsi spedire i libri dall'Inghilterra. Franklin ebbe allora un'idea. Chiese al Junto Club di riunire tutti i loro libri personali nella loro sala riunioni, in modo da averli conservati in un unico luogo, pronti per essere consultati o presi in prestito. Come previsto, tutti potevano entrare pagando un abbonamento che permetteva di acquistare altri libri. Nacque così la Biblioteca di Filadelfia.

Nel frattempo, Franklin doveva guadagnare un po' di soldi per sé e, ora che era un tipografo esperto, poteva finalmente aprire la sua tipografia. Anche se aveva dei soci in affari, fu lui a impegnarsi molto: fondeva persino il piombo e realizzava grossolanamente i caratteri tipografici ricordando l'unica volta che lo vide fare a Londra.

La sua prima pubblicazione di successo fu la Pennsylvania Gazette, un giornale in cui pubblicò anche tutte le intuizioni scaturite dalle riunioni del Junto Club, oltre a contributi propri.

Franklin riuscì anche a trovare il tempo per dedicarsi alle proprie passioni. Dopo molti esperimenti scientifici, scoprì che l'elettricità non era composta da due fluidi diversi, ma da due cariche; e contribuì anche alla comunità scientifica estendendo il Junto Club a tutte le colonie, finanziando così l'American Philosophical Society (la filosofia comprendeva ancora la scienza).

Potrebbe allora sembrare strano che un uomo colto come Franklin potesse pubblicare qualcosa di legato alla superstizione: eppure è proprio quello che fece pubblicando il suo almanacco, il *Poor Richard's Almanack* ("L'almanacco del povero Richard").

Il nome in copertina si riferiva all'autore fittizio Richard Saunders, che non era altro che lo stesso Franklin sotto pseudonimo. Nella realtà esisteva il vero Richard Saunder, che era l'autore di uno degli almanacchi che conosceva a Londra, il più serio; al nome, Franklin aveva solo aggiunto una "s". Il "Poor" era poi tipico del genere degli almanacchi popolari.

Il *Poor Richard's Almanack* era principalmente un almanacco astrologico. C'erano molti contenuti legati a quell'argomento, come lo Zodiac Man (Fig. 6.2), una rappresentazione di un uomo circondato dai

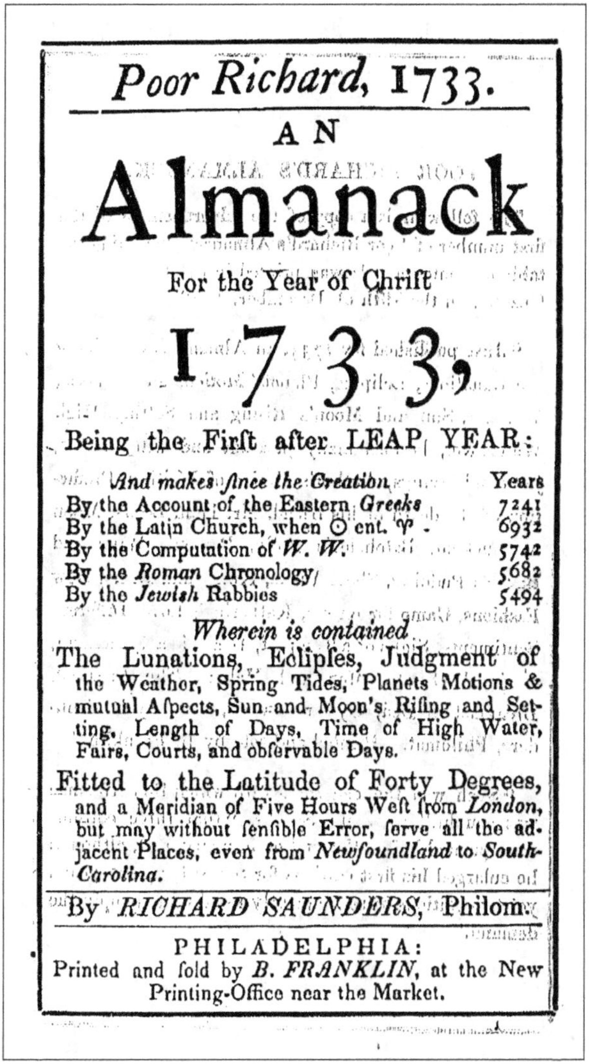

Poor Richard, 1733.

AN

Almanack

For the Year of Chriſt

1733,

Being the Firſt after LEAP YEAR:

And makes ſince the Creation	Years
By the Account of the Eastern *Greeks*	7241
By the Latin Church, when ☉ ent. ♈ -	6932
By the Computation of *W. W.*	5742
By the *Roman* Chronology	5682
By the *Jewish* Rabbies	5494

Wherein is contained

The Lunations, Eclipſes, Judgment of the Weather, Spring Tides, Planets Motions & mutual Aſpects, Sun and Moon's Riſing and Setting, Length of Days, Time of High Water, Fairs, Courts, and obſervable Days.

Fitted to the Latitude of Forty Degrees, and a Meridian of Five Hours Weſt from *London*, but may without ſenſible Error, ſerve all the adjacent Places, even from *Newfoundland* to *South-Carolina.*

By *RICHARD SAUNDERS*, Philom.

PHILADELPHIA:
Printed and ſold by *B. FRANKLIN*, at the New Printing-Office near the Market.

Figura 6.1. Il primo numero del *Poor Richard's Almanack* (Dicembre 1732).

dodici segni, ciascuno associato a una parte del corpo. Ma c'era anche una tavola dei re d'Inghilterra, che ancora governavano la Pennsylvania; e poi una tavola delle strade costruite in Nord America all'epoca.

Figura 6.2. Lo Zodiac Man, tratto dal *Poor Richard's Almanack*.

Gli altri contenuti più di valore del *Poor Richard's* erano le composizioni letterarie, come i proverbi o le brevi poesie all'inizio di ogni mese, tutte scritte da Franklin sotto il suo pseudonimo.

Questo anonimato permise al vero autore di mettere a segno alcuni scherzi che gli fecero anche un po' di pubblicità. Il bersaglio principale di Franklin era Titan Leeds, editore di *An American Almanack*, il suo principale concorrente. Nel primo numero del *Poor Richard's*, Richard Saunders (cioè Franklin) predisse con calcoli astrologici il giorno esatto in cui Leeds sarebbe morto e si dichiarò suo successore, in modo che i lettori fossero più propensi a comprare il suo almanacco invece di quello di Leeds. Non era raro che gli autori di almanacchi si provocassero a vicenda in questo modo, ma poiché Leeds era stato recentemente vittima della diffusione non autorizzata della sua opera, pare che non abbia accettato di buon grado lo scherzo, che temeva potesse danneggiarlo. Invece di scusarsi, Saunders pubblicò il suo necrologio il giorno stabilito e da allora accusò sempre il vero Leeds di essere un impostore. Quando Leeds morì davvero, qualche anno dopo, Saunders si congratulò con il presunto impostore per essere scomparso e aver posto fine alla farsa.

Il *Poor Richard's Almanack* ebbe un successo incredibile: ogni anno, dalla sua prima uscita, vendette ben 10 000 copie, rendendo Franklin uno degli editori più ricchi delle colonie americane.

Grazie ai servizi resi alla comunità e con la sua attività editoriale, divenne un personaggio pubblico molto amato e poté così ottenere il favore generale come politico. All'età di 50 anni fu nominato ambasciatore per suggellare un trattato commerciale tra la Francia e le colonie, che già si stavano staccando dalla corona inglese. Trattandosi di un incarico così impegnativo, scelse di dedicarsi completamente a una delle sue tante attività, preferendo la politica alla scienza.

Mentre era in navigazione verso l'Europa, Franklin scrisse la prefazione al numero finale del *Poor Richard's*. Si trattava di una ricetta per fare il sapone in casa.

Poté così ritirarsi dall'attività dopo 25 anni di pubblicazione.

I fratelli Chambers

William e Robert Chambers nacquero e trascorsero la loro infanzia in una piccola città di campagna nel sud della Scozia, circondata da verdi colline e abitata da persone ancora abituate a una vita antica e rurale. Il nome di quel luogo era Peebles; il padre James vi aveva una modesta fabbrica tessile, che era solo uno stanzone pieno di un centinaio di telai, dove i tessitori si sedevano e filavano la lana a mano, chiacchierando o cantando.

Le giornate a Peebles trascorrevano scandite dal passaggio delle mucche portate al pascolo dal pastore al mattino e che tornavano la sera. Dopo il tè, i pochi divertimenti erano il gioco delle biglie per i bambini e il canto di vecchie canzoni scozzesi per gli adulti, abilità in cui il papà James era eccellente.

Nel villaggio non era ancora stata aperta una tipografia e c'era un solo libraio. La saggezza veniva trasmessa attraverso i proverbi. E anche se tutti gli abitanti del villaggio andavano regolarmente in chiesa, c'era comunque molta superstizione: il postino faceva il suo giro portando sempre con sé un talismano contro gli influssi maligni, soprattutto passando davanti a vecchie case abitate da donne solitarie ritenute streghe.

I due ragazzi non dimenticarono mai la loro città natale e le sue pittoresche usanze. Dopotutto, vi hanno trascorso un'infanzia piacevole.

Erano nati entrambi con sei dita per arto, così quando crebbero si sottoposero a un intervento chirurgico per amputare i membri in sovrappiù. William superò l'operazione senza quasi averne traccia. Quanto a Robert, aveva un alluce soprannumerario radicato nelle ossa del metatarso; nel suo caso, l'intervento fu molto più complesso e alla fine l'osso fu amputato male, lasciando il ragazzo zoppo e dolorante per tutta la vita.

In seguito, anche le abitudini e i sentimenti di Robert furono segnati in modo permanente. Ora era costretto a rimanere a casa molto più a lungo di prima e, se da un lato questo lo rendeva un po' cupo, dall'altro aveva più tempo per dedicarsi alla sua passione per la lettura e lo studio. Anche a William piaceva leggere e, poiché sapeva intagliare il legno, spesso scambiava con gli altri bambini giocattoli di legno fatti a mano con libri. A volte i due fratelli leggevano insieme dallo stesso libro.

Robert era molto desideroso di imparare. Un giorno, rovistando nella soffitta di casa sua, trovò una cassapanca e la aprì per rivelare una serie di grandi volumi rossastri: era la quarta edizione completa dell'Enciclopedia Britannica. Suo padre aveva fatto un piccolo investimento e l'aveva comprata dall'unico libraio della città, ma dopo averne letto qualche voce, si era stancato e aveva riposto tutti i massicci volumi nell'unico posto in cui potevano stare in quella piccola casa. Robert invece lo lesse tutto e la sua conoscenza crebbe a tal punto che, appena adolescente, superò rapidamente quello che lui e suo fratello avevano imparato a scuola.

Anche la storia e la letteratura divennero parte della sua passione. La sua immaginazione fu catturata dai romanzi di Sir Walter Scott, eminente scrittore di origine scozzese come lui, che fu fonte di ispirazione non solo per il piccolo Robert ma per molti scrittori, in particolare per gli autori di grandi romanzi storici come *Les Misérables* di Victor Hugo e *I promessi sposi* di Alessandro Manzoni.

Pieno di ammirazione per il suo compatriota, Robert compose un'antologia di vecchie canzoni scozzesi e gliela inviò come un prezioso regalo, scritta in una calligrafia fine che aveva da poco imparato. Molti mesi dopo, però, non aveva ricevuto ancora nessuna risposta.

Nel frattempo, papà James aveva avuto qualche inconveniente. Poiché aveva una fabbrica di tessuti a telaio manuale, fu improvvisamente surclassato dall'avvento dei primi telai meccanici a motore; così, dovette ripensare al suo mestiere, iniziando a lavorare come drappiere. I suoi clienti erano soprattutto soldati che il più delle volte pagavano in anticipo; più spesso, però, James faceva loro credito. I problemi arrivarono quando i soldati furono chiamati in servizio, lasciando i loro debiti, e la maggior parte di loro non tornò, probabilmente dopo essere morti nei campi di Waterloo.

Sull'orlo della povertà, la famiglia Chambers decise di trasferirsi a Edimburgo, dove sperava di trovare maggiori possibilità. James era impiegato in una miniera di sale, ma era restio a prendere ordini e, per il suo senso dell'ordine, riusciva a malapena a tollerare il traffico illegale di alcolici che si svolgeva nelle miniere sotto i suoi occhi. Per quanto riguarda i suoi figli, William fu inizialmente rifiutato come magazziniere a causa del suo fisico, ma con sua grande soddisfazione trovò un lavoro migliore come apprendista in una libreria, imparando così il mestiere di venditore e imprenditore. Robert continuò a studiare da autodidatta. Nel tempo libero, esplorava Edimburgo, vagando tra gli alti edifici scuri affollati dietro le mura della parte vecchia della città, prendendo appunti sui vicoli stretti che attraversava e sulle scritte che leggeva sulle pietre.

Le disgrazie per la famiglia non erano ancora finite, perché un giorno il padre fu riportato a casa a notte fonda, appena cosciente e ferito alla testa. La persona che lo aveva soccorso disse di averlo trovato disteso sulla strada, dopo essere stato picchiato e derubato da alcuni contrabbandieri di alcolici. A causa di questo incidente, James fu anche licenziato dalla miniera di sale. Distrutto nella sua psiche, non riuscì a trovare un altro lavoro. Ora, i due fratelli avevano l'intera responsabilità della famiglia: William aveva 18 anni e Robert 16.

L'idea di una nuova attività venne prima a Robert. La loro casa era piena di libri già letti, inutili per lui, come i vecchi libri di scuola o i preziosi volumi dell'Enciclopedia Britannica; li raccolse tutti e fece un inventario, calcolando che vendendoli avrebbe potuto ricavare una somma ragionevole. William avrebbe poi contribuito con la sua esperienza acquisita a trovare e acquistare altri titoli da rivendere.

Per quanto riguarda il negozio, Robert fece un ottimo affare affittandone uno per 6 sterline all'anno (circa 400 euro di oggi); il locale era effettivamente molto piccolo, ma aveva una bancarella di fronte all'ingresso per esporre gli articoli, invitando così le persone di passaggio a fermarsi e considerare un acquisto. E soprattutto, il negozio di Robert si trovava su Leith Walk, una delle strade più trafficate di Edimburgo. Grazie a questo vantaggio, le vendite aumentarono immediatamente e i Chambers poterono avere un momento di sollievo.

Nel frattempo, William si interessò alla tipografia. Aveva conosciuto un tipografo che stava lasciando la città, e per un affare poté acquistare per 3 sterline (200 euro) un macchinario dimesso, e i tipi con le custodie. Per quanto riguardava il telaio da mettere sotto la macchina da stampa, ne costruì uno da solo grazie alle sue abilità di falegname. Allenandosi giorno per giorno, imparò l'arte della composizione tipografica e della rilegatura. Durante la stampa, la macchina era così rumorosa che si poteva sentire fino a due case di distanza. I caratteri erano in numero limitato, quindi William poteva stampare solo otto pagine, poi doveva ricomporre il riquadro, un carattere alla volta, quindi stamparne altri otto e così via fino a raggiungere le cento pagine. Dopo alcuni mesi, tirando la pressa ventimila volte, riuscì a produrre il suo primo libro, realizzandone circa 750 copie. Vide in questo il potenziale per espandere l'attività di vendita di libri del fratello.

I Chambers poterono così produrre e vendere le proprie pubblicazioni, inizialmente antologie di poesie, e anche il loro primo periodico, il *Kaleidoscope*, dal nome di un giocattolo ottico appena inventato per il quale tutti andavano pazzi all'epoca. Mentre William si occupava del duro lavoro di composizione e stampa, Robert scriveva i contenuti, che erano poesie e satira. Dopo un anno, chiusero la rivista con alcuni guadagni significativi.

Ma poi accadde qualcosa di ancora più straordinario. Sir Walter Scott era venuto in visita a Edimburgo e, ricordandosi di quel ragazzo che una volta gli aveva inviato alcune poesie, decise di rispondergli. Robert poté così incontrarlo di persona e i due fecero subito amicizia, tanto che continuarono a scambiarsi lettere anche in seguito.

Un giorno, Sir Scott inviò a Robert una lunga lettera contenente tutte le storie sulla città di Edimburgo che poteva ricordare lui stesso o che conosceva dai suoi amici. Per Robert era un vero tesoro. Anche lui aveva preso alcuni appunti durante le sue passeggiate per la città, ma ora aveva molto più materiale da analizzare. Mise tutto insieme e narrò tutte le storie del castello, delle strade medievali, delle usanze ancestrali. Il risultato fu il libro *Traditions of Edinburgh*, un saggio storico che fu il suo primo bestseller.

Dopo il successo del *Kaleidoscope* e del libro del fratello, William si accorse dell'opportunità che si celava dietro la letteratura a buon mercato, come erano conosciuti all'epoca quei libri e opuscoli stampati a basso costo, la metà dei quali piuttosto inaffidabili (come gli almanacchi), e che, pur essendo deprecati dai dotti, riuscivano comunque ad attrarre la gente comune, anche quella poco istruita. Chambers riteneva addirittura che più erano diffusi in una nazione, più quella nazione era colta, e a sostegno della sua tesi portava l'esempio dell'Italia, prolifica sia di questo tipo di letteratura sia di università rinomate. Forse era un po' esagerato, ma almeno ciò gli diede l'ispirazione per il prossimo progetto dell'azienda di famiglia.

Il primo numero del *Chambers' Edinburgh Journal* uscì il 4 febbraio 1832. William Chambers lo presentò così nell'editoriale di apertura: "Ogni sabato, quando l'operaio più povero del paese percepisce i suoi umili guadagni, avrà la possibilità di acquistare, con una parte insignificante di quella stessa

Figura 6.3. Il primo numero del *Chambers' Edinburgh Journal* (sabato 4 febbraio 1832).

somma, un pasto di sana, utile e piacevole istruzione mentale". La rivista era indirizzata alle classi sociali più basse e suscitava la loro curiosità. I Chambers ritenevano inoltre che la loro impresa avrebbe contribuito al miglioramento sociale, provvedendo all'istruzione delle persone scarsamente alfabetizzate.

La loro rivista settimanale era stampata in otto pagine, tre colonne ciascuna, senza alcuna illustrazione. L'intento era quello di attirare l'interesse del maggior numero possibile di lettori, perciò gli articoli coprivano una grande varietà di argomenti. Un po' come accadeva negli almanacchi, il *Chambers' Edinburgh Journal* offriva resoconti molto accurati accanto a superstizioni o folklore, ma in questo caso i resoconti erano raccontati più con un interesse antropologico, o per suscitare l'orgoglio nazionale. C'era una serie di articoli sulla storia dell'editoria, ma anche descrizioni di tradizioni e costumi (all'inizio solo scozzesi), e c'erano anche brani di letteratura, persino poesie, e narrativa a puntate. Naturalmente, l'autore della maggior parte delle ricerche e dei testi era Robert.

Tutti questi contenuti erano venduti a un prezzo molto conveniente. Un giornale comune a quei tempi costava circa 5 pence, l'equivalente di 1.70 euro di oggi, a causa delle pesanti imposte e la pubblicità. Invece, dato che il *Chambers' Edinburgh Journal* era esente da queste tasse, il prezzo era di 1.50 pence (o tre mezzi pence, come appariva sulla prima di copertina), pari a 0.50 euro, un affare per qualcosa da leggere che era lungo quasi quanto un giornale, e sicuramente più interessante. Inoltre, la rivista veniva pubblicato strategicamente nel giorno di paga dei lavoratori.

Nel suo libro di memorie, William ricorda con stupore che furono vendute 30 000 copie in pochi giorni dopo la pubblicazione. Quando uscì il terzo numero, cercarono di espandersi a Londra, accordandosi con alcuni agenti e inviando loro molte copie in anticipo: le vendite salirono a 50 000 copie. A Edimburgo, tutte le altre riviste di letteratura economica scomparvero nel giro di pochi mesi.

I Chambers non si fermarono lì. Dopo aver ottenuto fondi sufficienti, i due fratelli acquistarono una propria tipografia per 500 sterline (40 000 euro di oggi), che permise loro di gestire l'intera produzione in modo indipendente. Ora avevano a disposizione anche una macchina a vapore: la stampa era automatizzata e servivano solo due operai, uno per impostare i caratteri e l'altro per alimentare il carbone nella fornace. I costi diminuirono e i volumi di produzione aumentarono.

La loro fabbrica fu costruita a Glasgow, non troppo lontano da Edimburgo; tuttavia, puntarono nuovamente a espandere la loro attività in tutto il Paese. Lo poterono fare grazie a una nuova tecnica di stampa: la stereotipia. La stampa stereotipata consisteva nel pressare prima il telaio in uno stampo di cartapesta; quando questo si solidificava, si otteneva una matrice fatta di un materiale solido ma non indistruttibile. Poi, nella matrice veniva versato del metallo caldo e, una volta solidificato, lo stampo di carta veniva polverizzato, riportando alla luce una replica in pezzo unico del telaio, chiamata stereotipo.

Questo migliorò decisamente la produzione del *Chambers' Edinburgh Journal*. Da quel momento in poi, quando l'imminente numero settimanale era pronto, gli stereotipi venivano inviati in anticipo ad altre tipografie di Edimburgo, Londra e Dublino, dove venivano stampati direttamente il giorno stesso.

I fratelli Chambers, partiti come due imprenditori di provincia, alla fine divennero proprietari di una delle più importanti riviste nazionali.

Il Penny Magazine

Otto settimane dopo il primo numero del *Chambers' Edinburgh Journal*, a Londra uscì un'altra nuova rivista: il *Penny Magazine*. Il titolo enfatizzava il prezzo stracciato della copertina, solo 1 penny (0.30 euro). Inoltre, compare il nome dell'editore, scritto in grassetto: la Society for the Diffusion of Useful Knowledge ("Società per la diffusione della conoscenza utile").

La SDUK era un'associazione di dotti ed editori fondata da un politico, il liberale Henry Brougham, membro del Parlamento. Aveva uno scopo non molto diverso da quello dei Chambers, cioè l'educazione delle "masse" (una parola che era diventata di moda, come notò William). A quanto pare, non fu l'unico a cogliere l'opportunità di una letteratura a buon mercato. Inoltre, la SDUK, rispetto ai Chambers, aveva più mezzi e soprattutto denaro. I suoi prodotti spaziavano da un'enciclopedia, a una serie di libri, al *Penny Magazine*.

Il direttore responsabile era Charles Knight. Fu lui a dare alla rivista la struttura che ne garantì il successo. All'interno della rivista c'erano più o meno cinque articoli con una lunghezza media di 1800 caratteri, il minimo indispensabile per un articolo di giornale.

Il testo non era l'elemento principale quanto le illustrazioni, che spesso riempivano l'intera pagina, soprattutto la prima. Venivano realizzate con la tecnica della xilografia: le immagini venivano incise su

THE PENNY MAGAZINE

OF THE

Society for the Diffusion of Useful Knowledge.

No. I.] PUBLISHED EVERY SATURDAY. [March 31, 1832.

READING FOR ALL.

In a book upon the Poor, published in 1673, called 'The Grand Concern of England explained,' we find the following singular proposal:—"that the multitude of stage-coaches and caravans, now travelling upon the roads, may all, or most of them, be suppressed, especially those within forty, fifty, or sixty miles of London." The evil of the stage-coaches is somewhat difficult to be perceived at the present day; but this ingenious author had no doubt whatever on the matter, "for," says he, "will any man keep a horse for himself, and another for his man, all the year, for to ride one or two journies, that at pleasure, when he hath occasion, can step to any place where his business lies, for two, three, or four shillings, if within twenty miles of London, and so proportionably into any part of England?"

We laugh at the lamentation over the evil of stage-coaches, because we daily see or experience the benefits of the thousands of public conveyances carrying forward the personal intercourse of a busy population, and equally useful whether they run from Paddington to the Bank, or from the General Post-Office to Edinburgh. Some, however, who acknowledge the fallacy of putting down long and short stages, that horses may be kept all the year, "for to ride one or two journies," may fall into the very same mistake with regard to knowledge that was thus applied to communication. They may desire to retain a monopoly of literature for those who can buy expensive books; they may think a five-guinea quarto (like the horse for one or two journies) a public benefit, and look upon a shilling duodecimo to be used by every one "at pleasure, when he hath occasion," (like the stage-coach) as a public evil.

What the stage-coach has become to the middle classes, we hope our Penny Magazine will be to *all* classes—an universal convenience and enjoyment. The Society for the Diffusion of Useful Knowledge have considered it proper to commence this publication, from the belief that many persons, whose time and whose means are equally limited, may be induced to purchase and to read it. The various works already published by the Society are principally adapted to diligent readers,—to those who are anxiously desirous to obtain knowledge in a condensed, and, in most cases, systematic form. But there are a very great number of persons who can spare half an hour for the reading of a newspaper who are sometimes disinclined to open a book. For these we shall endeavour to prepare an useful and entertaining Weekly Magazine, that may be taken up and laid down without requiring any considerable effort; and that may tend to fix the mind upon calmer, and, it may be, purer subjects of thought than the violence of party discussion, or the stimulating details of crime and suffering. We have, however, no expectation of superseding the newspaper, and no desire to supersede it. We hope only to share some portion of the attention which is now almost exclusively bestowed upon "the folio of four pages," by those who read little and seldom. We consider it the duty of every man to make himself acquainted with the events that are passing in the world,—with the progress of legislation, and the administration of the laws; for every man is deeply interested in all the great questions of government. Every man, however, may not be qualified to understand them; but the more he knows, the less hasty and the less violent will be his opinions. The false judgments which are sometimes formed by the people upon public

events, can only be corrected by the diffusion of sound knowledge. Whatever tends to enlarge the range of observation, to add to the store of facts, to awaken the reason, and to lead the imagination into agreeable and innocent trains of thought, may assist in the establishment of a sincere and ardent desire for information: and in this point of view our little Miscellany may prepare the way for the reception of more elaborate and precise knowledge, and be as the small optic-glass called "the finder," which is placed by the side of a large telescope, to enable the observer to discover the star which is afterwards to be carefully examined by the more perfect instrument.

CHARING CROSS.

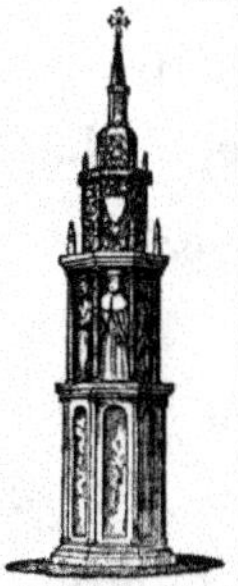

This place has been recently greatly improved by clearing away decaying houses, and enlarging the space for the public convenience, and for the display of newly-erected handsome buildings. It derives its name from having been anciently a village, detached from London, called *Charing*, and from a stately *Cross*, erected there by order of Edward I., to commemorate his affection for Eleanor, his deceased queen. The cross occupied the last spot on which her body rested in its progress to sepulture in Westminster Abbey. The other resting-places of her sumptuous funeral were dignified by similar edifices.

Two centuries and a half ago, Charing-Cross was within bow-shot of the open country, all the way to Hampstead and Highgate. North of the Cross there were only a few houses in front of the Mews, where the King's falcons were kept. The Hay-market was a country road, with hedges on each side, running between pastures. St. Martin's lane was bounded on the west side by the high walls of the Mews, and on the other side by a few houses and by old St. Martin's church, where the present church stands. From these buildings it was a quiet country lane, leading to St. Giles's, then a pleasant village, situated among fine trees. Holborn was a mere road between open meadow land, with a green hedge on the north side. In the Strand, opposite to St. Martin's lane, stood the hospital and gardens of St. Mary Rouncival, a religious establishment founded and endowed by William, Earl of Pembroke, in the reign of Henry III. In the middle of the road leading to the Abbey, and opposite to Charing-Cross, stood a hermitage and chapel dedicated to St. Catherine.

Charing-Cross is represented in the above engraving. It was of an octagonal form and built of stone, and in an upper stage contained eight figures. In 1643 it was pulled down and destroyed by the populace, in their zeal against superstitious edifices. Upon the ground of similar zeal, Henry VIII. suppressed the religious houses of the kingdom, and seized their estates and revenues to his own use: the hospital of St. Mary of Rouncival was included in this fate. On its ancient site stands the palace of the Duke of Northumberland. It was built in the reign of

Figura 6.4. Il primo numero del *Penny Magazine* (sabato 31 marzo 1832).

tavole di legno e poi stampate, un metodo più economico dell'incisione su rame, meno pregiato ma comunque di qualità accettabile. Molte xilografie della rivista erano opera di John Jackson, uno dei più abili incisori dell'epoca, il cui prezioso lavoro veniva così reso disponibile a basso prezzo. Le illustrazioni mostravano animali esotici o monumenti ed edifici famosi, sia inglesi che stranieri, molto spesso inquadrati dal basso verso l'alto, cioè dalla prospettiva di un passeggero. L'effetto complessivo era spettacolare, anche se a volte era ottenuto a scapito della precisione (una volta mostrarono un boa constrictor con le zanne nella prima pagina).

Poco dopo la sua introduzione sul mercato, le vendite del *Penny Magazine* raggiunsero addirittura le 200 000 copie in una settimana, rendendolo un importante concorrente del *Chambers' Edinburgh Journal*. Le illustrazioni erano il motivo principale della sua popolarità, soprattutto perché all'epoca l'analfabetismo in Inghilterra era ancora molto alto: un terzo degli uomini e la metà delle donne non sapevano leggere.

Ma questo grande successo, per quanto eclatante, durò solo dieci anni, finché la rivista andò inaspettatamente in bancarotta. Commentando la vicenda nelle sue memorie, William Chambers ipotizza che gli argomenti trattati dalla rivale fossero diventati troppo astrusi e non catturassero più l'immaginazione dei lettori. In effetti, a causa del coinvolgimento politico dei suoi fondatori, la rivista aveva un'agenda morale che potrebbe aver allontanato la maggior parte dei lettori. Chambers, invece, evitava argomenti divisivi come la politica e la religione.

Tuttavia, la spiegazione è probabilmente più semplice. Per quanto Charles Knight si sforzasse di mantenere basso il costo delle illustrazioni, era impossibile mantenerne anche la qualità. E poiché le illustrazioni erano la ragione del successo della rivista, erano indispensabili. Dopo solo un anno, il prezzo di copertina fu portato a 4 pence, il che non solo contraddiceva il titolo stesso, ma rendeva la rivista sempre più inaccessibile per le classi lavoratrici, il suo pubblico di riferimento. Dalle altezze dell'inizio, le vendite calarono gradualmente alla fine.

Anche se avevano mezzi inferiori, i due fratelli Chambers avevano capito qualcosa che ai loro concorrenti sfuggiva. Avevano semplicemente trovato un'attività più sostenibile nel lungo periodo. La compresenza di fatti e fantasia che la loro rivista offriva era abbastanza appetibile per il pubblico dell'epoca, anche senza illustrazioni e a un prezzo leggermente più alto (almeno fino a quando il loro rivale non fu costretto ad aumentarlo). E anche se le vendite erano un po' più scarse, la loro quantità rimase stabile e la rivista poté durare fino al 1956, più di cento anni dopo la sua fondazione.

Il *Penny Magazine* avrebbe dovuto vendere sette volte di più del suo rivale solo per pareggiare i costi di produzione. Questo sarebbe stato possibile per i primi anni, quando l'entusiasmo della novità lo permetteva, ma non era un obiettivo raggiungibile per sempre.

7.
Un'altra lunga rivoluzione

Dopo le rivoluzioni scientifiche di Copernico e Newton, Charles Darwin gettò le basi dell'evoluzionismo.

A differenza delle altre rivoluzioni, esso si diffuse subito, ma impiegò molto tempo per essere accettato. Questa nuova teoria scientifica affrontava infatti un tema delicatissimo: l'origine della specie umana. Fu perciò attaccato su due fronti: prima dagli uomini di scienza dell'epoca (per lo più ecclesiastici), e poi dai giornalisti, che ne deridevano le implicazioni attraverso la satira.

Tuttavia, nonostante l'evoluzionismo fosse inizialmente così controverso, finì per essere accettato proprio perché fu molto discusso.

La giovinezza di Darwin

Charles Darwin nacque in una famiglia in cui le scienze naturali erano una piccola tradizione. C'era stato suo nonno Erasmus, vissuto molto tempo prima, in un'epoca in cui si poteva ancora essere sia medici che poeti. Poi, il padre Robert, medico nella sua città natale. Dai suoi numerosi racconti fatti alla fine delle sue giornate di lavoro, il giovane Charles non imparò tanto l'anatomia o la fisiologia, quanto gli strani comportamenti umani. Il dottor Darwin era capace di leggere nelle reticenze dei suoi pazienti e di comprendere le loro paure, ma senza mai cedere ai loro capricci. Aveva scoperto che se chiedeva loro di non piangere mentre raccontava la loro condizione, piangevano di più, facendogli perdere tempo; ma se li invitava a lasciarsi andare ai sentimenti, si fermavano immediatamente e lo lasciavano parlare. E se mai scopriva che stavano per morire, era parte del suo lavoro non dirglielo subito, perché la speranza poteva essere parte della cura, o almeno un sollievo per i parenti del paziente.

Robert Darwin aveva quindi la reputazione di medico capace e affidabile; ma era anche un padre premuroso: grazie ai suoi risparmi, poté mandare suo figlio a Edimburgo per studiare medicina. Un giorno, il giovane Charles incontrò Sir Walter Scott, in visita all'università; ma questo rimase il suo unico bel ricordo di quel posto: le lezioni erano noiose, e rimase definitivamente traumatizzato quando dovette assistere a un intervento chirurgico su un bambino sveglio (all'epoca l'anestesia era ancora sconosciuta).

Quando suo padre si accorse finalmente che non era portato per la medicina, gli propose di diventare pastore evangelico, un'idea che inizialmente gli piacque. Dovendo in ogni caso laurearsi per essere ammesso all'ordine anglicano, si trasferì a Cambridge, dove poteva studiare più materie classiche.

Non che il suo impegno aumentò nel nuovo ambiente: era più interessato a raccogliere minerali o andare a caccia che a seguire le lezioni. Quando non poteva uscire, si esercitava nella mira nel suo appartamento, caricando il fucile con capsule e sparando alle candele. I vicini pensavano che il nuovo inquilino si divertisse a schioccare una frusta nel tempo libero.

Doveva però superare gli esami obbligatori, come la geometria euclidea, di cui apprezzava le sue dimostrazioni rigorose; e poi naturalmente la teologia. Il riferimento per quella materia erano i libri del reverendo William Paley. Nel trattato *Teologia naturale*, egli aveva raccolto tutte le prove che poteva trovare per la creazione dell'universo da parte di

Dio e le aveva spiegate con una bella metafora: come un orologio ha un creatore che lo ha progettato, così l'universo non può essersi creato da sé.

Tutti gli animali hanno gli occhi, eppure in ogni specie funzionano in modo particolare: negli uccelli, poiché si cibano per mezzo del becco, i loro occhi possono vedere oggetti molto vicini; nei pesci, il cristallino è più rotondo che negli altri animali per catturare più luce all'interno dell'acqua; nell'essere umano, il meccanismo è il più avanzato di tutti, poiché l'iride può aprirsi e chiudersi in base alla quantità di luce circostante.

Come è possibile tutta questa varietà? Riprendendo ancora una volta la metafora dell'orologio, è impossibile che uno strumento così ben funzionante sia sorto per caso da un mucchio inerte di cianfrusaglie. La natura ha perciò bisogno di un creatore. Ogni specie animale è stata creata seguendo un progetto (il pesce, l'uccello, l'essere umano...), e in virtù di questo progetto le specie non sono mai cambiate.

Mentre studiava la teoria di Paley, Darwin si ricordò di aver già letto una volta un altro libro sullo stesso argomento: si trattava di *Zoonomia*, un saggio di storia naturale scritto da suo nonno Erasmus, che aveva una prospettiva del tutto opposta sulla questione. "Sarebbe troppo audace immaginare", aveva scritto Erasmus Darwin, "che tutti gli animali siano sorti da un unico filamento vivente che possiede la facoltà di continuare a migliorare grazie alla propria attività intrinseca, e di trasmettere tali miglioramenti di generazione in generazione alla sua posterità?".

Tuttavia, la suggestione del nonno non ispirò il giovane Darwin quanto la solidità delle argomentazioni di Paley, che gli ricordavano la sua amata geometria euclidea. In effetti, il reverendo potrebbe aver avuto in mente proprio Erasmus Darwin quando ha affrontato la possibilità della trasformazione della specie.

"Sulla base di tale supposizione", scriveva Paley, "dovremmo vedere unicorni e sirene, silfidi e centauri... potremmo almeno avere nazioni di esseri umani senza unghie sulle dita, con più o meno dita delle mani e dei piedi rispetto a dieci, alcuni con un solo occhio, altri con un solo orecchio, con una sola narice, o senza il senso dell'olfatto". E conclude: "Sarebbe potuta esistere un'innumerevole varietà di animali che però non esistono". In effetti, osservando la natura, era evidente una sorta di organizzazione. Darwin non lo avrebbe mai dimenticato.

Da laureato, fece la sua prima esperienza sul campo come assistente del suo professore di geologia, il reverendo Adam Sedgwick, seguendolo in un'escursione nella valle di Cwm Idwal, in Galles. Studente e professore si aggiravano tra le scogliere alla ricerca di fossili, entrambi completamente ignari di essere testimoni dei resti del passaggio di un ghiacciaio, evidenti dai graffi sulle rocce, che forse loro potevano notare ma non capire dato che gli studi su quel tipo di fenomeni non erano ancora stati pubblicati.

Subito dopo questa messa alla prova, Darwin ricevette un'altra proposta: il suo professore di botanica, John S. Henslow, lo aveva raccomandato al capitano Fitz-Roy, un marinaio in cerca di un volontario che potesse unirsi al suo equipaggio come naturalista, non retribuito, in un viaggio di cinque anni intorno al mondo a bordo della sua nave, il Beagle. Darwin voleva accettare, ma doveva ottenere il permesso del padre. Robert Darwin non prese affatto bene la notizia, perché se avesse lasciato andare il figlio, ciò avrebbe significato la fine del suo futuro di pastore. "Darò il mio consenso", concesse, "se riuscirai a trovare un uomo di buon senso che ti consigli di partire".

Fortunatamente per Charles, però, il giorno dopo lo zio venne a conoscenza della questione e gli offrì il suo aiuto. Quando Robert ascoltò le sue parole, diede volentieri al figlio il permesso di partire. Così, Charles Darwin si imbarcò finalmente sul Beagle e l'aspirazione a diventare pastore lasciò il posto a un'altra impresa.

Lo scandalo dell'evoluzionismo

Mentre il giovane naturalista viaggiava da Capo Verde alle Galápagos e poi oltre, fino alla Nuova Zelanda, esplorando terre così incontaminate e diverse alla ricerca di fossili di antiche forme di vita, in patria il dibattito sulla creazione della vita raggiungeva il suo apice.

Dopo il reverendo Paley, l'aiuto più prezioso che la teologia ricevette venne dalle ultime volontà di Francis Egerton, ottavo earl[1] di Bridgewater, membro della Royal Society. Quando questo nobile dalle strane abitudini morì, lasciò un'enorme donazione ai suoi soci, una somma di 8000 sterline (circa 640 000 euro di oggi), e chiese loro di investirla per scrivere, stampare e pubblicare mille copie di un'opera scientifica che dimostrasse "la potenza, la saggezza e la bontà di Dio, così come si manifestano nella creazione".

Appena letta questa frase, il presidente della Royal Society chiese addirittura l'aiuto dell'arcivescovo di Canterbury e del vescovo di Londra per trovare il modo migliore di realizzare le ultime volontà del

---

1. Un grado della nobiltà britannica che si colloca tra il barone e il conte.

conte di Bridgewater. Alla fine, otto esperti furono da lui nominati tra i membri della Royal Society per portare a termine il difficile compito. Essi erano: Il reverendo Thomas Chalmers, professore di teologia a Edimburgo; John Kidd, professore di medicina a Oxford; Charles Bell, medico; Peter Mark Roget, medico; il reverendo William Buckland, professore di geologia a Oxford; il reverendo William Kirby, entomologo; Sir William Prout, chimico; e infine il reverendo William Whewell, astronomo a Cambridge (dove Darwin aveva studiato), che diresse l'intero progetto.

Il risultato dello sforzo intrapreso da questi eminenti uomini di scienza furono gli otto volumi dei Trattati di Bridgewater, un'opera monumentale che sosteneva la creazione divina di tutti gli esseri viventi con prove e argomenti provenienti da ogni campo della scienza. Inoltre, come desiderava Egerton, i profitti ottenuti dalla vendita delle opere vennero versati ai rispettivi autori.

Questa era la posizione della comunità scientifica più importante dell'epoca vittoriana.

Ma poco dopo il completamento dei Trattati, uscì un altro libro, apparentemente meno importante, che presentava una nuova prospettiva sulla questione. Si chiamava *Vestiges of the Natural History of Creation* ("Vestigia della storia naturale della creazione"). Il titolo era un cliché nelle opere di letteratura economica che trattavano di storia antica e cimeli d'antiquariato. Ma soprattutto la cosa più sorprendente era che sulla prima di copertina non si trovava il nome dell'autore.

All'epoca, l'anonimato non era raro nei periodici: gli autori che scrivevano opinioni controverse potevano così proteggersi dagli scandali. Ma non era una pratica molto diffusa nei libri. Se qualcuno avesse voluto nascondere la propria identità in quei casi, avrebbe almeno preso in prestito il nome da un amico scrittore. E comunque, era una cosa che soprattutto i nobili facevano, per lo più per evitare di essere derisi dai loro pari se avevano ingenuamente scritto qualcosa di sciocco.

L'inafferrabile autore di *Vestiges* poteva aver voluto evitare attacchi personali, dato che stava toccando un argomento che stava molto a cuore alla gente, la creazione della vita da parte di Dio; inoltre, il libro presentava per la prima volta al grande pubblico la possibilità che gli animali si fossero trasformati da forme antiche, quindi il rischio di indignazione generale era alto.

Come abbiamo visto, la teoria non era di per sé una novità: era sostenuta dal nonno di Darwin, ma il suo sostenitore più famoso fu certamente Jean-Baptiste Lamarck, il biologo francese che per primo

VESTIGES

OF

THE NATURAL HISTORY

OF

CREATION.

LONDON:
JOHN CHURCHILL, PRINCES STREET, SOHO.
M DCCC XLIV.

Figura 7.1. Prima edizione di *Vestiges of the Natural History of Creation* (1844).

la sviluppò nei dettagli. "Per quanto riguarda gli organismi che godono della vita", scrisse, "la natura ha fatto tutto a poco a poco e in successione". Per Lamarck, gli animali erano cambiati nel tempo a causa delle modifiche generate dalle loro esigenze; per esempio, le giraffe cominciarono ad allungare il collo per raggiungere le foglie degli alberi più alti, questa abitudine divenne un tratto fisico, e poi il tratto passò alle generazioni successive di giraffe. Questo era considerato assurdo da Paley e dai suoi seguaci, perché contraddiceva l'esistenza di un disegno originale in natura.

Chi scrisse *Vestiges*, tuttavia, cercò di conciliare le due posizioni.

"È risaputo che la terra che abitiamo è un globo di poco meno di 8000 miglia di diametro..." è l'incipit di *Vestiges*. Questo libro, più che un'opera scientifica, è un'opera letteraria. Il narratore è una voce impersonale, ma non onnisciente, che accompagna il lettore in un lungo viaggio dall'inizio dell'universo al presente. Il suo tono è caldo e non didattico, poiché raramente dice "io" invece di "noi", mantenendo sempre il contatto con il lettore.

Il metodo è prevalentemente filosofico, non sperimentale, se non apertamente letterario: "Dove le nostre facoltà percettive sono sconcertate, noi sogniamo". I dati, per esempio le dimensioni della

Terra all'inizio, sono presentati con parsimonia, e sempre in modo approssimato e amichevole.

L'autore, seguendo due linee, vuole innanzitutto trovare un'unità in tutti i fenomeni naturali, dal più piccolo al più grande ("La terra è un globo per la stessa ragione per cui lo è una goccia di rugiada"), e in secondo luogo attribuisce il merito di tale unità a Dio. In effetti, *Vestiges* può essere considerato una strana versione scientifica del libro della Genesi: l'origine dell'universo e degli esseri viventi è narrata attraverso le teorie degli uomini di scienza contemporanei, pur facendo costante riferimento all'intervento divino.

Questo intento sia religioso che scientifico emerge pienamente nel capitolo centrale, dove viene esposta in modo approfondito la teoria della modificazione della specie. L'autore scrive: "La mia proposta è che le varie serie di esseri animati, dai più semplici e antichi fino ai più alti e recenti, sono il risultato di un impulso intrinseco" Le specie hanno seguito lo stesso percorso nel loro sviluppo; ogni volta che il percorso si è diviso, sono state create le diverse specie. Dio ha creato la legge, non le singole specie.

Un diagramma a fianco del testo illustra questo lungo e astratto discorso. Un generico essere vivente si sviluppa fino al punto A del diagramma. Da lì, il pesce diverge fino allo stato maturo F ("Fish", in originale). L'essere vivente continua il suo sviluppo fino a C, dove il rettile diverge allo stesso modo, avanzando fino a R. Poi l'uccello diverge a D, e prosegue fino a B ("Bird"). Il mammifero procede poi in linea retta fino al punto più alto dell'organizzazione a M.

Questo diagramma mostrava solo le ramificazioni principali; il lettore era invitato a immaginare quelle minori che rappresentavano le sottospecie.

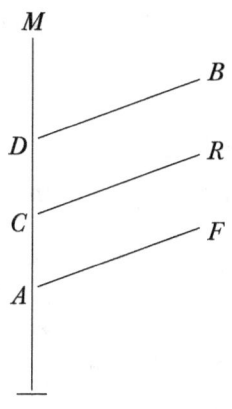

In generale, *Vestiges* era una reinterpretazione di ciò che aveva detto Lamarck; ma era più interessante perché Dio veniva messo alla base dell'intero processo. I molti disegni divini che Paley attribuiva a ogni specie erano qui ridotti a uno solo: la legge della trasmutazione.

Si trattava di un'affermazione innovativa da presentare alla società vittoriana; ma, contro ogni previsione, il libro piacque molto ai lettori, proprio per questa suggestiva connessione tra scienza e fede. Il libro divenne improvvisamente un bestseller e l'identità dell'autore divenne un intrigante mistero che non fece altro che incrementare le vendite.

Nella comunità scientifica, invece, fu ampiamente disprezzato.

Dopo averlo letto, Adam Sedgwick, ex professore di Darwin, si indignò e scrisse un articolo di ottantacinque pagine per liquidarlo. Innanzitutto, i numerosi fossili che aveva studiato non fornivano alcuna prova di una presunta mutazione avvenuta nel passato; inoltre, le implicazioni morali della limitazione del ruolo di Dio nella creazione sarebbero state insopportabili.

Il geologo era anche frustrato dal fatto che non poteva rivolgersi direttamente a chi aveva scritto quelle sciocchezze. L'editore diceva di aver ricevuto solo il manoscritto, scritto con una mano aggraziata, forse femminile, e questo era tutto. Sedgwick sospettò allora che l'autrice fosse Ada Lovelace: matematica, era una donna colta e anche figlia di un artista, il famoso poeta Lord Byron. Suo padre avrebbe potuto aiutarla a realizzare un'opera letteraria del genere: il libro era infatti troppo ben scritto per essere solo il fortunato successo di un dilettante.

Oltre a Sedgwick, anche William Whewell, l'astronomo che aveva diretto il completamento dei Trattati di Bridgewater, sentì il bisogno di intervenire. Poco dopo la pubblicazione del famigerato libro, pubblicò *Indications of a Creator*, una breve antologia di brani tratti dai suoi libri precedenti e dai Trattati. Whewell ammetteva che gli animali cambiano, soprattutto se allevati, ma lo fanno solo in una certa misura. Come è possibile, quindi, che da forme di vita inferiori emergano quelle più avanzate? Allora l'uomo stesso, con tutti i suoi privilegi intellettuali, morali e fisici, spinto da un presunto "impulso intrinseco", deve essere derivato da qualche altra creatura, magari la scimmia.

"Questa raccolta di dottrine selvagge e fantastiche", disse di *Vestiges* il reverendo, "serve solo alle menti dei più creduloni".

Nonostante tutte queste critiche spietate, il libro continuò a diffondersi. Ora era disponibile in edizioni economiche in brossura, e anche all'estero. In America, Abramo Lincoln lo prese in mano e lo lesse con grande interesse, e dall'inizio alla fine, cosa che si dice non facesse con tutti i libri.

Inoltre, un curioso incidente si verificò quando il libro arrivò oltreoceano. Dovendo inserire il libro nel suo catalogo, l'editore americano lo pubblicizzò in questo modo: "*Vestiges of the Natural History of Creation*. Di Sir Richard Vyvyan".

Membro del Parlamento e membro della Royal Society, Richard Vyvyan sarebbe potuto essere proprio il misterioso autore, e il suo nome iniziò a circolare tra i lettori. Essendo un uomo ricco e appassionato di scienza, poteva permettersi un laboratorio e un'enorme biblioteca nella sua villa; ma l'indizio più sospetto è che aveva già scritto un libro in gran parte simile a *Vestiges*: si intitolava *L'armonia del mondo comprensibile*, era anch'esso anonimo, e in esso l'autore illustrava il progresso dell'universo, come si può osservare, tra l'altro, nella trasmutazione delle specie.

Tuttavia, quando Sir Vyvyan venne a conoscenza della voce, si irritò. Per lui, un conservatore, la scienza era una faccenda da aristocratici; non avrebbe mai perso tempo a scrivere qualcosa per le masse. In effetti, il suo libro era circolato solo tra gli amici più intimi, per questo era anonimo: chi lo leggeva conosceva già il suo autore. Ma poiché il pettegolezzo si era scatenato, dovette cercare di porvi fine, così chiese a un giornale di pubblicare la sua smentita della paternità di *Vestiges*. L'annuncio americano era un errore dell'editore, se non un abuso fatto a scopo di lucro.

Il nome del vero autore rimaneva ancora un mistero.

Come Darwin ebbe l'idea

Nel frattempo, Charles Darwin era tornato dal suo viaggio. Poco dopo si sposò con una cugina, Emma Wedgwood, che assunse il cognome del marito, come si usava all'epoca, e insieme misero su una famiglia di dieci figli.

Durante i cinque anni di viaggio, osservando terre e animali diversi in tutto il mondo, aveva riempito quindici taccuini con bozze e schizzi dei suoi pensieri. Aveva letto i libri dell'eminente geologo Sir Charles Lyell, membro della Royal Society, l'unico che potesse aiutarlo a comprendere i paesaggi che vedeva così lontani dai suoi luoghi familiari. Quando tornò, gli scrisse la sua opinione sulle barriere coralline e i due divennero anche amici.

Pur avendo molto materiale, Darwin si prese del tempo per pubblicare le sue scoperte. Prima di tutto stampò le sue osservazioni geologiche e contribuì anche al rapporto di Fitz-Roy, ma per la maggior parte degli anni successivi al suo ritorno meditò su come mettere insieme tutti i suoi appunti.

Si era imbattuto in un grosso problema. Si era imbattuto in un grosso problema. In Sudamerica, aveva studiato alcune tartarughe; era evidente che appartenevano alla stessa specie, o allo stesso progetto, come avrebbe detto Paley. Ma allo stesso tempo, esse avevano alcune differenze, come la forma del guscio diversa a seconda del luogo dove vivevano.

Come si potevano conciliare somiglianza e diversità? Un giorno, a bordo della sua carrozza lungo la strada, Darwin fu colpito dalla soluzione: gli esseri viventi non seguono un progetto; al contrario, hanno la tendenza a modificarsi per sopravvivere. Paley esagerava quando diceva che senza un progetto ci sarebbero stati animali fantastici, come unicorni o sfingi. In realtà, poiché gli animali devono sopravvivere, solo le modificazioni più utili sono state trasmesse di generazione in generazione, dando vita alle specie che possiamo vedere oggi.

Per spiegare questo, Darwin riutilizzò a suo favore la metafora dell'orologio: anche lo strumento più sofisticato viene creato da successivi aggiustamenti da parte del suo creatore, e la creazione finale può essere considerata come l'assemblaggio di tutti gli aggiustamenti precedenti.

Imprevedibilmente, se da studente aveva rifiutato l'idea dell'evoluzione suggerita dal nonno a favore delle argomentazioni di Paley, ora, da geologo esperto, sviluppò lui stesso la teoria nel dettaglio.

Dopo essere giunto a questa conclusione, Darwin, come qualsiasi altro gentiluomo vittoriano, fu catturato dallo scandalo pubblico che circondava *Vestiges of the Natural History of Creation*, che portava al pubblico una versione grezza di ciò che aveva appena scoperto. Aveva letto il libro nella sua sesta edizione e lo aveva annotato, sottolineando tra l'altro la parola "intrinseco", che Whewell aveva specificamente attaccato. Leggendo le recensioni delle riviste scientifiche, si imbatté in altre obiezioni che potevano essere mosse anche alla sua teoria, e le annotò non appena le lesse, perché aveva scoperto che i fatti contrari a ciò che credeva sfuggivano alla sua memoria più facilmente di quelli favorevoli. Poi, invece di pubblicare subito il suo libro, colse l'occasione per assistere a tutte le critiche che avrebbe dovuto affrontare lui stesso, avendo così tutto il tempo per pensare in anticipo a come rispondere.

Una di queste recensioni attirò la sua attenzione: come sempre, era critica nei confronti del libro, ma oltre alle osservazioni scientifiche era anche particolarmente dura e sarcastica. "Cerchiamo prove di conoscenza e troviamo ciò che potrebbe essere colto leggendo il *Chambers's Journal* o il *Penny Magazine*", diceva il recensore.

Era la penna di Thomas Huxley, un biologo e una testa calda. Aveva iniziato la sua carriera scientifica come chirurgo della Marina, viaggiando per il mondo fino all'Australia, come aveva fatto Darwin. In quattro anni di viaggio, anche lui poté raccogliere prove dell'evoluzione, ma pensava che questa potesse avvenire solo all'interno delle specie, non da una all'altra. Il libro *Vestiges* invece sosteneva che le specie potevano trasformarsi l'una nell'altra, per questo Huxley lo disprezzava tanto; inoltre, non poteva sopportare la scarsità e l'imprecisione delle prove scientifiche che l'autore aveva fornito per le sue assurde affermazioni. Per questo, Huxley si fece addirittura beffe del suo anonimato: "Se l'autore di *Vestiges* dovesse mai essere così sconsiderato da far conoscere il suo nome, non troverebbe credito né presso la meccanica né in qualsiasi altro dipartimento di una scienza".

Dopo aver letto il suo articolo, Darwin decise di scrivere a Huxley, complimentandosi per la sua squisita analisi, aggiungendo "ma non posso non pensare che lei sia stato piuttosto duro con il povero autore". Huxley fu felice di aver trovato un coetaneo in grado di tenergli testa e alla fine i due fecero conoscenza e amicizia. Darwin fu colpito dall'intelligenza del suo nuovo amico e gli espose la sua teoria evolutiva. Huxley aveva una visione un po' diversa della questione, ma concesse all'amico il beneficio del dubbio.

Ormai, erano passati vent'anni dal viaggio sul Beagle; mentre si avviava verso i quarant'anni, Darwin si era fatto crescere una folta e socratica barba bianca, e la sua testa era diventata un bulbo lucido, che per strada copriva con un cappello a cilindro nero, come era di moda a quel tempo. Non aveva ancora finito il suo libro, anche se aveva tutte le idee e le prove pronte. La bozza era diventata solo più grande con il passare del tempo. Un giorno, mentre ci stava ancora lavorando, ricevette un plico che conteneva un articolo scritto da Sir Alfred Wallace, membro della Royal Society, che gli chiedeva di poterlo revisionare prima della pubblicazione. Si intitolava *Sulla tendenza delle varietà di allontanarsi indefinitamente dal tipo originale*. Darwin si accasciò sulla sedia: era proprio quello di cui stava scrivendo. A quanto pare, aveva aspettato troppo a lungo e alla fine Wallace giunse da solo alla stessa conclusione. Comunque, non si preoccupò più di tanto: si rimise al lavoro; anzi, dato che aveva già pubblicato molte opere in precedenza, si limitò a tagliare molti contenuti dalla bozza, riassumendo e rimandando ad altre fonti per i dettagli. Il risultato fu un libro molto più breve e semplice, che in un tempo molto più breve fu pronto per la pubblicazione. Fu intitolato *L'origine delle specie*.

Pur essendo un libro scientifico, divenne un bestseller. Lo stesso giorno in cui uscì, vendette tutte le 1250 copie della prima edizione, e poi anche le 3000 copie della seconda edizione. Vent'anni dopo, vendette 16 000 copie in totale e fu tradotto anche in francese, italiano e persino in russo. In seguito a questo grande successo, Darwin divenne inaspettatamente un personaggio pubblico. Si trovò a rispondere alle lettere di persone che gli scrivevano solo perché avevano ammirato il suo libro, e a volte gli chiedevano un autografo, o addirittura una sua foto. Oggi può sembrare strano, ma forse quelle persone non avevano mai visto un'immagine di Darwin. E poiché le richieste diventavano sempre più frequenti, lo studioso iniziò a tenere sulla sua scrivania un mazzo di ritratti, pronti per essere autografati e allegati alle lettere dei fan. Qualcuno approfittò anche di questa smania e spacciò copie false di quei regali.

Quanto a Huxley, aveva cambiato completamente idea sull'evoluzionismo già al quarto capitolo del libro dell'amico. Ma con la fama arrivarono anche le critiche. Il suo ex professore Sedgwick, che si era opposto a *Vestiges*, rimase deluso da *L'origine delle specie* e scrisse al suo ex allievo che non riusciva a leggerlo senza ridere e senza scomporsi. Il suo amico geologo Lyell lo ascoltava con interesse, ma non riusciva ancora a essere pienamente d'accordo con lui, perché era ancora convinto che gli animali potessero essere modificati solo in una certa misura.

Darwin non prese sul personale tutte queste osservazioni, ma non si preoccupò nemmeno di difendere la sua teoria. La sua salute era un po' incerta, così preferì stare lontano dai riflettori, ritirandosi nella sua casa di campagna. Aspettava solo che le parole scritte nel suo libro si sedimentassero nell'animo delle persone.

Il dibattito di Oxford

Otto mesi dopo la pubblicazione di *L'origine delle specie*, Huxley fu invitato a un evento importante: il 30° convegno annuale della British Association for the Advancement of Science, una comunità scientifica fondata per essere un'alternativa più aperta alla Royal Society, incentrata sulla divulgazione scientifica. Huxley non desiderava andarci, ma poiché anche il suo amico botanico Joseph Hooker era stato invitato, si accordarono per andarci insieme.

L'evento sarebbe durato una settimana, da mercoledì 27 giugno a mercoledì 4 luglio 1860. Insieme a Huxley e Hooker, mille e settecento uomini di scienza giunsero a Oxford da tutto il Paese e da tutta Europa. Nessun altro luogo poteva essere più adatto a un simile incontro: gli studiosi della natura si riunirono non solo in mezzo alle bellezze naturali che si potevano trovare nell'Orto botanico e nei parchi, ma erano anche circondati da edifici di grandezza storica nel tipico stile gotico, nonché da oggetti artistici raccolti nell'Ashmolean Museum.

Il primo giorno, tutti i partecipanti si sono incontrati alle 16:00 nello Sheldonian Theatre, una sala per concerti e conferenze vicina all'antica Biblioteca Bodleiana. L'evento fu aperto dal presidente della BAAS, l'astronomo Lord Wrottesley, che tenne un discorso davanti a un folto pubblico.

"Il contrasto è impressionante se paragono la condizione attuale della scienza con lo stato dell'insegnamento quando ero uno studente qui a Oxford, nel 1814", disse. "Considero la Scuola di Fisica, recentemente istituita, e i premi ora istituiti per incoraggiarne la coltivazione, un motivo di speranza per il futuro".

Il presidente elencò poi tutti i più recenti progressi compiuti in molti campi della scienza. Per quanto riguardava l'astronomia, elogiò il lavoro degli osservatori privati e degli osservatori pubblici, e riferì della scoperta che il sole non occupa un punto fisso nell'universo, ma si muove costantemente, alla velocità presunta di diciottomila miglia all'ora. In chimica, raccontò come i bellissimi coloranti estratti dall'anilina, precedentemente ottenuti come curiosità chimica dai prodotti della distillazione del catrame di carbone, fossero ora prodotti come articoli di commercio, in seguito alla richiesta di "malva", "magenta" e "solferino", preparati dall'azione di agenti ossidanti sull'anilina. Per quanto riguardava la geologia, menzionò gli utensili di selce osservati nelle grotte di Brixham e di Palermo, associati a ossa di mammiferi estinti, così da indicare che l'uomo coesisteva con varie specie perdute di quadrupedi.

"Tutte queste scoperte, a mio avviso, giustificano la spesa governativa di 1000 sterline all'anno per la ricerca scientifica. Le forze segrete che mantengono i pianeti nel loro corso, l'estensione sconfinata dello spazio, le bellezze e i prodigi dell'ingegno mostrati da tutti gli animali e le piante, e i cambiamenti geologici del nostro pianeta, presentano tutti tali meraviglie e misteri da mettere a dura prova i più alti sforzi della mente!". Il presidente concluse: "Applichiamoci sempre seriamente all'indagine scientifica, certi che quanto più eserciteremo e miglioreremo le nostre facoltà intellettuali, tanto più saremo degni di avvicinarci al nostro Dio".

Ci fu un caloroso applauso. Quanto a Huxley, che non sopportava tutta quella retorica religiosa, fu l'unico a rimanere a braccia conserte. Poi tutti si alzarono, si strinsero la mano, alcuni chiacchierarono ancora un po' e alla fine della serata si dispersero tutti, in attesa di rivedersi il giorno dopo.

Il giovedì iniziò con una conferenza nella sezione di Geografia ed Etnologia tenuta dall'ammiraglio Fitz-Roy, in cui il marinaio osservava che gli utensili di selce menzionati nel discorso di apertura erano esattamente simili ad altri che si trovano nella Terra del Fuoco, come aveva potuto constatare durante il suo viaggio sul Beagle. Dopo il discorso, l'ammiraglio incontrò Huxley, e il discorso cadde sul loro amico comune. Il vecchio si rammaricò di aver accolto sulla sua nave il suo ex naturalista, perché quell'esperienza lo aveva aiutato a scrivere un libro così poco ortodosso. Al che, Huxley sbuffò e lasciò l'uomo a lamentarsi da solo.

Più tardi, Huxley assistette alla presentazione di una relazione del famoso paleontologo professor Owen nella Sezione D (Botanica, Zoologia e Fisiologia). Quando venne citato il libro di Darwin, si scatenò una discussione accesa. Tutti i presenti sapevano di Huxley e della sua amicizia con l'autore, così cercarono di provocarlo, ma lui rimase in silenzio e infastidito, poiché la maggior parte delle obiezioni riguardavano le implicazioni morali dell'idea del suo amico. Il professor Owen prese di nuovo la parola, questa volta rivolgendosi direttamente a lui. Il paleontologo affermò con forza che il cervello di un uomo è completamente diverso da quello di un gorilla. A questo punto Huxley rispose, prima di lasciare bruscamente la stanza: "Voi uomini di chiesa non avete nulla da temere, anche se si dovesse dimostrare che le scimmie erano i vostri antenati".

Il venerdì sera, Huxley ne aveva già abbastanza di essere bastonato moralmente, così, dopo l'ennesima conferenza, decise con Hooker di fare le valigie e andarsene. Camminando per strada per tornare nelle loro stanze, furono avvicinati da un uomo, che li raggiunse zoppicando aggrappato al suo bastone, si fermò e si presentò; ma Huxley si lasciò subito sfuggire il suo nome proprio nel momento in cui gli fu chiesto: "Sto parlando con Thomas Huxley?".

"Sì, sono io".

"È un onore conoscerla, dottor Huxley. Leggo sempre le sue recensioni".

"Grazie, signore. Si sta divertendo al convegno?"

"Molto. Sa, sono l'organizzatore della Sezione D. Non vedo l'ora che arrivi la conferenza di domani. Non vuole fare un discorso?".

"Beh, credo proprio che non ci sarò. Io e il mio amico partiamo domani".

Non appena sentì ciò, l'uomo protestò: "No! Si parlerà della teoria darwiniana. Proprio lei non può mancare".

"Mi dispiace, signore. Mi sono fatto l'idea che questo non sia il pubblico davanti al quale portare avanti una discussione del genere, perché il sentimento interferirebbe indebitamente con l'intelletto".

E l'altro insistette: "La prego, non ci tradisca".

Huxley rimase un po' sbalordito. Poi, alla fine, si arrese: "Oh! Se la mettete così, vedrò di prendervi parte".

L'uomo si rallegrò di nuovo, ringraziò entrambi per la piacevole conversazione e ribadì l'appuntamento per il giorno dopo. Mentre si allontanava claudicando, Huxley si rivolse a Hooker: "Ma chi era quello?".

"Non l'hai riconosciuto? È uno dei fratelli Chambers".

"Ah! Quello zoppo".

"Avrà qualche notizia di prima mano da mettere nel suo giornale. Gli sta a cuore la questione".

"Puoi dirlo forte! 'Non tradirci'... Che diamine voleva dire?".

Ma erano arrivati all'albergo e si separarono per la notte.

Il giorno successivo, la conferenza della Sezione D si tenne al Museo di Storia Naturale dell'Università di Oxford. L'edificio, visitabile ancora oggi, ha una lunga facciata con due ordini di finestre in stile gotico italianizzante, un'alta torre quadrata al centro, dove si trova la porta principale, e tetti a punta sulla sommità. L'ingresso conduce direttamente all'ampio spazio del piano terra, illuminato dalla luce naturale che entra da un soffitto di vetro. Qui, grandi ossa sono appese in modo da mostrare le dimensioni e la forma di creature antiche e scomparse. Intorno allo spiazzo si ergono pilastri squadrati, alcuni dei quali racchiudono le statue di illustri personalità delle varie branche delle scienze naturali; i pilastri sorreggono il piano superiore, che è un corridoio incorniciato da un'arcata a sesto acuto che conduce alle aule.

Una di queste sale era stata predisposta per diventare la biblioteca, essendo la più grande; quel sabato, gli scienziati scelsero di riunirsi lì, perché erano più di settecento all'inizio della conferenza al mattino. Hooker e Huxley arrivarono quando il discorso di apertura era già iniziato; Chambers si alzò per accoglierli e li condusse in prima fila, dove aveva riservato loro due posti. A parlare era il professor John W. Draper, un famoso storico di New York. Aveva quasi finito. Per concludere, chiese solennemente: "Siamo un insieme fortuito di atomi?". La risposta sarebbe stata data alla prossima conferenza, che si sarebbe tenuta dopo pranzo.

Tuttavia, il discorso del mattino fu così lungo e noioso che nella sessione pomeridiana metà del pubblico se n'era andata. Il presidente della sessione, il botanico John S. Henslow, vide i due nuovi arrivati e li raggiunse. Strinse la mano al suo collega Hooker, che gli presentò Huxley. Appena Henslow seppe che era un amico di Darwin, fu lieto di chiedergli notizie del suo ex studente, dato che era stato suo professore di botanica a Cambridge. Ma poi si fece un po' cupo e disse a entrambi: "Il prossimo ospite sarà pesante. Non vorreste intervenire?".

Rispose Huxley: "No, credo che mi limiterò ad ascoltare e soffrire".

Henslow alzò un sopracciglio e sbuffò divertito, poi raggiunse il suo posto.

Mentre tutti gli ospiti prendevano posto, il presidente prese la parola: "Buon pomeriggio a tutti. Il vescovo di Oxford ha chiesto di parlare del libro di Charles Darwin, *L'origine delle specie*, recentemente pubblicato a Londra. Diamo il benvenuto al reverendo Samuel Wilberforce". Tra gli applausi educati, il vescovo si alzò e si diresse verso il centro della platea. Coperto dal rumore, Hooker sussurrò all'amico: "Il suo soprannome è Sam Saponetta. Non so perché, ma discutere con lui è sicuramente scivoloso. È il miglior oratore di Oxford".

Wilberforce si rimboccò le ingombranti maniche del vestito e non appena il silenzio glielo permise iniziò il suo discorso. Leggeva da alcuni fogli sul leggio, ma spesso alzava lo sguardo verso il pubblico nei passaggi più pregnanti.

"Ogni contributo alla nostra letteratura di storia naturale proveniente dalla penna di Charles Darwin è destinato ad attirare l'attenzione. Questo saggio è pieno delle caratteristiche eccellenze di Darwin. È un libro leggibilissimo; pieno di fatti di storia naturale, vecchi e nuovi, tutti raccontati nel suo linguaggio perspicuo, tutti inseriti in combinazioni pittoresche, tutti accesi dai colori della fantasia e dalle luci dell'immaginazione. Assume, inoltre, le gravi proporzioni di un'argomentazione sostenuta su una questione del più profondo interesse, non solo per i naturalisti, o anche solo per gli uomini di scienza, ma per tutti coloro che sono interessati alla storia dell'uomo e delle relazioni della natura che lo circonda con la storia e il piano della creazione.

"La conclusione, dunque, a cui Darwin vorrebbe portarci, è che tutte le varie forme di vita vegetale e animale di cui il globo è oggi popolato, o di cui troviamo i resti conservati allo stato fossile nel grande museo che ci ospita, sono giunte per successione naturale di padre in figlio. Si tratta indubbiamente di una conclusione a prima vista un po' sorprendente. Ma siamo troppo fedeli allievi della filosofia induttiva per rinunciare a qualsiasi conclusione a causa della sua stranezza".

Il vescovo girò una pagina e lanciò una rapida occhiata a Huxley, accorgendosi della sua presenza. Il naturalista non era affatto a suo agio. Il discorso proseguì.

"Una delle parti più interessanti del volume di Darwin è quella in cui stabilisce la legge della selezione naturale; dico stabilisce, perché – ripetendo che differisco totalmente da lui nei limiti che assegnerebbe alla sua azione – non ho dubbi sull'esistenza o sull'importanza della legge stessa.

"Ma prima dobbiamo dimostrare che in natura è attivamente all'opera l'accumulo di tali variazioni favorevoli attraverso discendenze successive. Se non si riesce a stabilire questa proposizione, l'intera teoria di Darwin cade a pezzi.

"C'è una ben nota razza di animali che è stata amica e compagna dell'uomo sicuramente fin da quando l'errante Ulisse tornò a Itaca, e di cui l'uomo ha avuto interesse a ottenere ogni variazione che potesse estrarre dal ceppo originale. Il risultato è ogni giorno sotto i nostri occhi. Sentite cosa dice il professor Owen a questo proposito:

> 'Nessuna specie animale è stata sottoposta a esperimenti così decisivi, continuati per così tante generazioni, come il cane; eppure, sotto l'estremo segno di varietà così superindotto, il naturalista individua nella formula dentale e nella costruzione del cranio gli inconfondibili caratteri generici e specifici del *Canis familiaris*'.

"In parole povere, i cani sono ciò che sono sempre stati."

Il pubblico assentiva.

"Ma non dobbiamo passare sotto silenzio il trasferimento dell'argomento dagli animali addomesticati a quelli non addomesticati. Partendo dal presupposto che l'uomo, in quanto selezionatore, può fare molto in un tempo limitato, Darwin sostiene che la Natura, una forza più potente, più continua, che opera su intervalli di tempo molto estesi, può fare di più.

"L'altra soluzione che il signor Darwin impiega più liberamente e, credo, in modo non scientifico, per sbarazzarsi delle difficoltà, è l'uso del tempo. Egli lo accorcia o lo prolunga a piacimento con un semplice gesto della sua bacchetta da mago.

" 'Non vedo alcun inizio di questo portentoso cambiamento', dice l'osservatore della natura.

" 'È vero', dice il grande mago, con una calma che nessuna difficoltà derivante dall'ostinazione dei fatti può turbare; 'è vero, ma ricordate l'effetto del tempo. Aggiungete qualche centinaio di milioni di anni in più o in meno, e perché non dovrebbero essere possibili tutti questi cambiamenti, e, se possibili, perché non posso supporre che siano reali?' ".

Un lieve scoppio di risa si diffuse tra gli ascoltatori. Wilberforce partecipò all'allegria collettiva, e questo lo incoraggiò a continuare a insistere sul punto. Ma prima, per il nervosismo, il vescovo si sfregò i palmi, come se si stesse lavando le mani.

"Perché la natura, così uniforme e persistente in tutte le sue operazioni, dovrebbe tendere in questo caso a cambiare? Perché dovrebbe diventare una selezionatrice di varietà? Perché, sostiene ingegnosamente Darwin, nella lotta per la vita, se si sviluppasse una varietà favorevole all'individuo, quest'ultimo avrebbe maggiori possibilità. Se si applica il sistema di Darwin dagli animali inferiori all'uomo stesso, si finisce per considerarlo, con il suo potere di parlare articolato, il suo dono della ragione, il suo libero arbitrio... si considera l'uomo come una scimmia migliorata".

Ora la gente mormorava. Wilberforce voleva approfittare di questo scandalo e andare fino in fondo. Abbassò i suoi appunti e si rivolse direttamente a Huxley. Chiese con sarcasmo se era per via di suo nonno o di sua nonna che doveva rivendicare la sua discendenza da una scimmia.

Silenzio. Huxley si piegò di lato e sussurrò ai suoi vicini; qualcuno avrebbe poi detto di averlo sentito dire: "Il Signore lo ha consegnato nelle mie mani". Poi si alzò e aspettò un attimo. Infine parlò; ma nessuno ricorda con precisione cosa disse, perché fu troppo scandaloso. Huxley avrebbe detto che no, non si vergognava di avere una scimmia come antenato, ma si sarebbe vergognato di essere parente di un uomo che oscura la verità.

Tutti rimasero increduli all'udire quelle parole. Una donna svenne, colpita da tanta insolenza; tra la folla si diffuse un chiacchiericcio nervoso, qualcuno chiedeva aiuto.

Poi, il naturalista continuò, coprendo il rumore: "Questo museo espone conchiglie fossili di incommensurabile antichità, perfette come il giorno in cui si sono formate, scheletri interi senza un arto fuori posto. Ma, cosa singolare, la maggior parte di queste specie sepolte si distingue completamente da quelle che vivono oggi. E questa somiglianza non è priva di regole e di ordine. In altre parole, c'è stata una successione regolare di esseri viventi, ogni gruppo più giovane è stato in senso molto ampio e generale un po' più simile a quelli che vivono ora".

Wilberforce lo interruppe: "La maggior parte dei nostri ascoltatori sa che lo stomaco e l'intero apparato digerente dei carnivori sono costruiti su un tipo completamente diverso da quello degli animali graminivori. Ma da dove deriva questa differenza, se queste diverse strutture possono rivendicare un'origine comune? Può un permutazionista pretendere che l'esperienza ci dia una ragione per credere che qualsiasi cambiamento di cibo, per quanto innaturale o forzato, abbia mai cambiato o possa cambiare l'uno o l'altro tipo? Dov'è stato allora, nelle forme più affini, il primo inizio della diversità?".

Huxley rispose con un'altra domanda: "Il vostro Paley non vi ha detto che quell'organo apparentemente inutile, la milza, è splendidamente adattato tra gli altri organi? E ancora, fin dall'inizio dei vostri studi, avrete scoperto anche denti rudimentali, che non vengono mai usati, nelle gengive del vitellino e in quelle del feto di balena; insetti che non mordono mai hanno mascelle rudimentali, e altri che non volano mai hanno ali rudimentali; creature naturalmente cieche hanno occhi rudimentali".

Ma il vescovo non era impreparato e replicò: "C'è un'altra grande classe di casi a cui il vostro amico non suggerisce alcuna soluzione. Mi riferisco a quegli animali che, come molti serpenti, possiedono organi speciali per secernere veleno e per scaricarlo a propria volontà. L'insieme delle ghiandole, dei dotti e degli altri vasi utilizzati a questo scopo sono, come ogni anatomista comparato istruito direbbe, così completamente separati dalle leggi ordinarie della vita animale e peculiari a se stessi, che la loro derivazione da progenitori che non li possedevano, attraverso una qualsiasi modificazione naturale, sarebbe una meravigliosa contraddizione di tutte le leggi di discendenza che conosciamo".

È il turno di Huxley. "Gli individui di una specie sono come l'equipaggio di una nave affondata, e solo i buoni nuotatori hanno la possibilità di raggiungere la terraferma. Essendo queste indubbiamente le condizioni necessarie per l'esistenza delle creature viventi, Darwin scopre in esse lo strumento della selezione naturale. Così, di nuovo, nessun animale assume la sua forma perfetta in una sola volta, ma tutti devono partire dallo stesso punto, per quanto diverso sia il percorso che ciascuno deve seguire".

Hooker si alzò, mise una mano sulla spalla dell'amico e intervenne: "La teoria del signor Darwin non afferma la trasmutazione delle specie esistenti l'una nell'altra, che è cosa ben diversa dallo sviluppo successivo delle specie attraverso la variazione e la selezione naturale, un'ipotesi che ritengo fortemente avvalorata dalle caratteristiche del regno vegetale. Tuttavia, mi riservo la libertà di riprendere la mia fedeltà alla dottrina (con la quale avevo iniziato lo studio delle scienze naturali) secondo cui le specie sono creazioni originali".

Wilberforce sembrava avere la meglio. "La difficoltà che si presenta è estrema, ma la teoria della trasmutazione non fornisce alcun indizio per la soluzione. Se, con il vostro amico, in violazione di tutte le osservazioni, rompete la barriera tra le classi di vita vegetale e animale, e supponete che ogni animale sia un vegetale 'migliorato', non fate altro che portare con voi la vostra difficoltà nel mondo vegetale; infatti, come potrebbero esistere i semi se non ci fossero state le piante a seminarli?

"Se si colloca il primo inizio dove si vuole, questo inizio deve contenere la storia apparente di un passato che esisteva solo nella mente del Creatore. Per sfuggire alla difficoltà della Creazione, la si trasporta solo dal primo uomo alla prima scimmia".

Anche se messo alle strette, Huxley non si arrese e aggiunse l'ultimo argomento. "È tutt'altra cosa affermare in modo assoluto la verità o la falsità delle opinioni del signor Darwin allo stadio attuale della ricerca. Goethe ha un eccellente aforisma che definisce quello stato d'animo che egli chiama *Thätige Skepsis* – dubbio attivo. È un dubbio che ama così tanto la verità che non osa riposare nel dubbio, né estinguersi con una convinzione ingiustificata; e raccomando questo stato d'animo agli studiosi delle specie, per quanto riguarda l'ipotesi di Darwin o qualsiasi altra ipotesi sulla loro origine".

Si sedette e attese la fine della conferenza.

L'opinione pubblica su Darwin

Dopo il dibattito di Oxford, l'opinione pubblica aveva sentimenti contrastanti nei confronti delle idee di Darwin. La maggior parte della stampa era inizialmente a favore di Wilberforce.

L'*Athenaeum* per primo si occupò dell'incidente, ma inizialmente non diede molto spazio all'acceso scambio tra Huxley e Wilberforce, omettendo in particolare i paragoni con le scimmie, forse perché ritenuto un comportamento inappropriato per due gentiluomini.

Robert Chambers, invece, fu probabilmente contento dell'intervento di Huxley, ma con suo fratello avevano una linea editoriale che non permetteva di parlare di politica o religione, per cui riportarono solo un riassunto dell'incontro, accennando appena al dibattito. "Il vescovo di Oxford ha dato una dimostrazione di retorica, che ha portato a una risposta intelligente e un po' fulminante del professor Huxley", scrisse il *Chambers' Edinburgh Journal*.

Dopotutto, per la maggioranza non era facile abbandonare la convinzione che Dio non avesse partecipato alla creazione degli animali; e inoltre, anche se Darwin non aveva ancora affrontato la questione, era abbastanza implicito che se ciò che diceva per le altre specie era vero, lo sarebbe stato anche per gli esseri umani, che probabilmente sarebbero stati discendenti delle scimmie.

L'indignazione che nasceva da questi pensieri trovò un canale di sfogo: l'umorismo. L'evoluzionismo è stata una teoria scientifica molto ridicolizzata, non solo a parole ma anche con le immagini.

Le vignette delle riviste satiriche dell'epoca deridevano le assurdità di *L'origine delle specie*, spesso però esagerando e distorcendo le sue implicazioni.

Inizialmente, le vignette di scimmie che sostenevano in vario modo di essere esseri umani giocavano sul netto contrasto tra questi animali selvaggi e la società vittoriana, vista come elegante e snob.

Figura 7.2

Nel numero del 18 maggio 1861, la rivista *Punch* mostrava, a poche pagine di distanza, due vignette di questo tipo. La prima era intitolata "Monkeyana" (Fig. 7.2), una parola che imitava i nomi delle raccolte di fatti relativi ai grandi autori letterari, come "Virgiliana" o "Shakespeareana".

Infatti, sotto il disegno, c'era una breve poesia che parodiava tutte le teorie evoluzionistiche, da *Vestiges* a Darwin e persino a Huxley, e alla fine era firmata "Gorilla", sottintendendo che una scimmia era in grado di scrivere poesie, un'abilità generalmente attribuita agli intelletti più raffinati.

La frase sul cartello appeso al collo del gorilla dice "Sono un uomo e un fratello?" ed era il famoso motto del movimento per l'abolizione della schiavitù, che si può vedere nelle immagini di un nero in catene che si inginocchia e prega per un po' di misericordia umana. Per una sorprendente coincidenza, questo motto fu diffuso da Josiah Wedgwood, nonno di Emma, moglie di Darwin, un ceramista che stampò l'immagine su medaglioni blu che sia gli schiavi che gli abolizionisti indossavano per prendere posizione sulla causa. Così, la vignetta in Fig. 7.2, manipolando il significato dello slogan originale, esagera le istanze antischiaviste estendendole al regno animale, con un'ironia razzista e antievoluzionistica.

L'altra vignetta apparsa nello stesso numero di *Punch* (Fig. 7.3) mostrava un gorilla vestito come un gentiluomo dell'epoca che entrava a una festa come "Il leone della stagione", come diceva il titolo, che ricalcava un modo di dire animalesco per definire una celebrità. Un usciere accoglie il divo, ma non riesce a trattenere il suo orrore: "Il signor G-G-G-O-O-O-rilla!".

Figura 7.3

Anche in questo caso, l'ironia della scena scaturisce per il fatto che i confini tra natura e cultura sono sfumati, cosa che nemmeno Darwin aveva immaginato.

Un altro tema ricorrente in queste vignette era la rappresentazione dell'evoluzione vista come ciclica. Una vignetta di Henry Woolf (Fig. 7.4) apparse su *Harper's Weekly* nel 1871 con il titolo *Il sogno del dopocena dello studente darwiniano*. Le posate sul tavolo si trasformano in pesci e gatti, l'ostrica si evolve nella ragazza di cui lo studente è innamorato, la bottiglia di vino è il prete del loro matrimonio e la fruttiera diventa il loro figlio.

Figura 7.4

L'improvviso passaggio da oggetti inanimati a organismi viventi era una grossa (ma divertente) esagerazione di ciò che Darwin diceva. In queste assurde trasformazioni, non solo gli esseri umani derivavano da oggetti, ma anche da animali diversi dalle scimmie, anch'essi considerati selvaggi o disgustosi, come vermi e maiali. Si credeva insomma che l'evoluzione fosse senza limiti, come credeva Paley.

A un certo punto, lo stesso Darwin iniziò a comparire nelle vignette. Thomas Nast per *Harper's Weekly* immaginò un incontro esilarante (Fig. 7.5): Darwin sta camminando per strada, tenendo sottobraccio una copia di *L'origine delle specie*; mentre passa davanti alla "Società per la prevenzione della crudeltà sugli animali" viene fermato dal grido di un gorilla che lo accusa: "Quell'*uomo* vuole rivendicare il mio pedigree. Dice di essere uno dei miei discendenti". Poi, Henry Bergh, presidente della società, si avvicinia e chiede allo studioso: "Signor Darwin, come ha potuto insultarlo così?".

Come in Fig. 7.3, l'uomo e la scimmia venivano oscenamente paragonati, ma questa volta il loro rapporto veniva anche invertito, rendendo l'animale superiore al suo simile. La satira si fonda infatti, fin dalla sua origine latina, sulla sovversione dell'ordine sociale: è l'archetipo ancestrale del carnevale, dove lo schiavo diventa padrone e il padrone diventa schiavo. Il satirico vittoriano rideva delle paure del gentiluomo vittoriano, divertendosi all'idea che

Figura 7.5

l'essere umano derivasse dalla scimmia invece che da Dio.

Da quel momento in poi proliferarono le caricature di Darwin, considerato la personificazione dell'evoluzionismo, anche se partecipò poco al dibattito pubblico su di esso. Si può dire che la teoria poté diffondersi più velocemente e più facilmente proprio perché aveva un volto. Darwin aveva infatti un aspetto molto riconoscibile, un'iconica barba e sopracciglia pronunciate: era materiale facile per caricature divertenti. E quando l'indignazione aumentava, le battute diventavano cattive.

Prevedibilmente, Darwin e le scimmie furono infine fusi assieme, come fece *The Hornet* sul numero del 22 marzo 1871 (Fig. 7.6). Darwin ha un profondo sguardo meditativo, il suo volto e il suo mento sono innaturalmente grandi rispetto al corpo, e sembra vagare senza meta nella giungla. La didascalia sottostante recitava "Un venerabile Orangoutang", riferendosi all'età avanzata di Darwin come motivo di saggezza, nonostante le scimmie siano generalmente considerate bestie stupide.

Il sottotitolo gioca ancora una volta con l'ambiguità: "Un contributo alla storia innaturale", celebrando ironicamente l'assurdità della teoria di Darwin.

Come reagì Darwin a tutte queste prese in giro? Ancora una volta, non prendendola personale, come qualsiasi altra critica. Al contrario, conservava tutte le caricature che lo ritraevano e scherzava con gli amici sulle sue ultime rappresentazioni: "Ah, il *Punch* mi ha preso di nuovo di mira?" o "Mi avete visto su *The Hornet*?".

Con il passare degli anni, il dibattito di Oxford non fu dimenticato, anzi divenne quasi una leggenda, un'epica battaglia tra scienza e fede. Tuttavia Samuel Wilberforce non ha mai avuto l'intenzione di sfidare Darwin a causa delle sue convinzioni religiose; come scrisse nella recensione del suo saggio:

Figura 7.6

"Mi sono opposto a queste opinioni solo per motivi scientifici. Non ho alcuna simpatia per coloro che si oppongono a qualsiasi fatto della natura perché ritengono che contraddica la Rivelazione. Penso che tutte queste obiezioni sappiano di una timidezza che è davvero incompatibile con una fede ferma e ben istruita".

Huxley però non riuscì mai a lasciarsi alle spalle il loro scontro. La risposta pungente che diede al vescovo gli valse il soprannome di "bulldog di Darwin". Alla fine venne a sapere della morte violenta di Wilberforce. Un giorno, il vescovo stava andando a cavallo; l'animale inciampò e lui cadde. Huxley commentò: "Povero caro Sammy! Per una volta, la realtà e il suo cervello sono entrati in contatto e il risultato è stato fatale".

Quarant'anni dopo, il canonico Farrar, filologo e ammiratore di Darwin, scrisse al figlio di Huxley, Leonard, e gli raccontò la sua versione di ciò che accadde quel giorno a Oxford. Secondo Farrar, le parole di Wilberforce furono alquanto gonfiate dalla stampa, così come l'episodio in generale. In effetti, quanto è probabile che un agnostico come Huxley abbia ringraziato Dio per il passo falso del vescovo? Nel suo discorso, il vescovo stava parlando dell'immutabilità delle specie nei cani, poi criticò l'abuso della variabile del tempo da parte di Darwin; a questo punto, fece quella domanda retorica. Wilberforce però non avrebbe chiesto a Huxley dei *suoi* nonni (di Huxley), ma dei *suoi* (di Wilberforce). Poiché era sarcastico, probabilmente usò la terza persona in senso impersonale, e quindi Huxley credette che si stesse riferendo a lui.

Chi ha scritto Vestiges*?*

Spiegando come fosse arrivato alla sua versione dell'evoluzionismo, Sir Alfred Wallace raccontava sempre che lo aveva ispirato un gran bel libro. Quel libro era *Vestiges of the Natural History of Creation*. Darwin, quando lo lesse, non ne rimase pienamente convinto; il suo amico Huxley lo considerava pura pseudoscienza; Wallace, al contrario, era uno dei sostenitori di quell'opera così controversa. L'aveva letta con entusiasmo e piacere, ma era rimasto un po' deluso dal fatto che non offrisse una vera spiegazione di come le specie cambiassero. Decise quindi di scoprirlo da sé con una ricerca scientifica che lo portò fino alle isole della Malesia.

Il libro era apparso 15 anni prima di *L'origine delle specie,* ed era così famoso che Darwin fu accusato di averlo plagiato; ma le somiglianze erano solo superficiali, poiché Darwin costruì la sua teoria sulle sue osservazioni, mentre l'autore di *Vestiges* aveva seguito un approccio filosofico che sarebbe andato benissimo due secoli prima, ma ormai quel metodo era deprecato nello studio della natura.

Chi era il misterioso scrittore? Darwin aveva sempre avuto un sospetto.

Alcuni anni prima della pubblicazione di *Vestiges*, aveva fatto la conoscenza di Robert Chambers a causa di uno spiacevole malinteso. Lo scrittore stava per fare un viaggio nelle zone più remote della Scozia e Darwin gli chiese se poteva verificare alcune informazioni per lui; inoltre, gli diede uno dei suoi articoli in cui descriveva un fenomeno che si può osservare nella valle di Glen Roy, le strade parallele, terrazze orizzontali sui fianchi delle montagne che sono i segni di un antico litorale. Quando Chambers fece uscire il libro che descriveva il viaggio, intitolato *Ancient Sea Margins*, Darwin lo lesse e vide che l'autore sosteneva di aver scoperto un antico litorale a Glen Roy. Non solo quindi non aveva letto il suo articolo, ma non lo aveva nemmeno citato. In seguito, dopo che glielo si fece notare, Chambers si scusò per l'inconveniente, ma rimase sempre convinto di essersi reso conto di quel fatto da sé.

Da allora, Darwin fu sempre un po' infastidito da quell'uomo; ma se ne ricordò quando uscì *Vestiges*, perché poté constatare che molti errori di biologia che Chambers commetteva di solito si trovavano anche nel nuovo e misterioso libro. Scrisse a Hooker: "In qualche modo mi sento perfettamente convinto che sia Chambers l'autore". Ma non ne ebbe mai la certezza.

Due anni dopo la morte di Darwin, uscì la dodicesima edizione di *Vestiges*, quarant'anni dopo la prima. Questa volta, sul frontespizio, apparve il nome tanto atteso (Fig. 7.7).

Quando Huxley lo apprese, si ricordò di quell'incontro a Oxford tra lui e Robert Chambers. Questi era morto da tempo, e suo fratello aveva pubblicato le sue memorie. Si scoprì un po' imbarazzato per la recensione che aveva scritto la prima volta che aveva letto il libro. Tuttavia, si rammaricava del tono, non del contenuto: secondo lui, *Vestiges of the Natural History of Creation*, e il suo autore con esso, non appartenevano alla comunità scientifica.

E in effetti aveva ragione, ma non completamente. Esclusa l'ambizione dell'autore di contribuire davvero alla scienza, Vestiges è innanzitutto letteratura. Si tratta infatti di un'opera di divulgazione scientifica di tipo spettacolare, ma invece di riportare scoperte recenti, Chambers raccoglie le tantissime nozioni di scienza naturale che aveva appreso da autodidatta fin da bambino, e poi le unisce con l'immaginazione. L'alternanza di fatti e finzione è un espediente narrativo tipico del romanzo sto-

VESTIGES

OF THE

NATURAL HISTORY OF CREATION

BY

ROBERT CHAMBERS, LL.D.

AUTHOR OF ANCIENT SEA MARGINS; TRADITIONS OF EDINBURGH; ETC.

Twelfth Edition

WITH
AN INTRODUCTION

RELATING TO THE AUTHORSHIP OF THE WORK

BY

ALEXANDER IRELAND

AUTHOR OF MEMOIRS AND RECOLLECTIONS OF R. W. EMERSON, ETC.

W. & R. CHAMBERS
LONDON AND EDINBURGH
1884

Figura 7.7. Dodicesima edizione di *Vestiges of the Natural History of Creation*, in cui compare per la prima volta il nome dell'autore (1884).

rico di Sir Walter Scott, che Chambers conosceva di persona: l'allievo ha tentato di fare con la scienza quello che il maestro ha fatto con la storia.

Un'opera letteraria spinge l'immaginazione del lettore al di là dell'orizzonte di ciò che conosce, e quando chi legge è uno scienziato, ciò che ha immaginato nella sua lettura può motivare la sua ricerca. La curiosità, infatti, è utile non solo per imparare qualcosa di già accertato, ma anche per guidare la scoperta di qualcosa di nuovo. Ed è questo che è successo quando Sir Alfred Wallace ha letto Vestiges, un esempio moderno di letteratura che aiuta la scienza.

Darwin, a parte la sua antipatia per Chambers, scrisse la sua opinione finale su di esso nella prefazione di *L'origine delle specie*:

> L'opera, per il suo stile potente e brillante, pur mostrando nelle prime edizioni una scarsa conoscenza accurata e una grande mancanza di cautela scientifica, ebbe subito un'ampia diffusione. A mio parere, ha reso un eccellente servizio in questo Paese nel richiamare l'attenzione sull'argomento, nel rimuovere i pregiudizi e nel preparare così il terreno per la ricezione di opinioni analoghe.

Una metafora dell'evoluzionismo è il modo migliore per descrivere in modo semplice il suo funzionamento. La più famosa è stata fatta dallo stesso

Darwin. L'evoluzione non segue il percorso di una catena, in cui tutte le diverse specie animali si evolvono una dopo l'altra, escludendosi reciprocamente e in successione; invece, l'evoluzione si sviluppa come i rami di un albero, dove ogni ramo nasce da un altro, e tra altri rami, alcuni dei quali generano molteplici altri rami, o muoiono appassendo. L'albero della vita.

Tuttavia, Darwin nei suoi taccuini fece un'altra metafora, meno conosciuta ma più efficace per descrivere come la vita si manifesta nel tempo: la metafora del corallo. Come in un albero, i rami del corallo nascono da altri rami, ma nessuno è più importante dell'altro. Non c'è un tronco: ogni ramo diventa il tronco per la generazione successiva di rami. E i rami che muoiono cadono e diventano uno scheletro morto, unica traccia di ciò che è stato.

8.
Successi e fallimenti

All'inizio c'era solo l'autorità scientifica, ma hanno poi iniziato a riunirsi molte comunità scientifiche nazionali, ognuna delle quali parlava una lingua diversa. Dopo che la divulgazione scientifica divenne un'attività editoriale remunerativa, essa poté alimentare meglio la curiosità del pubblico con periodici di qualità sempre più alta, anche se non tutti ebbero successo.

Anche gli esperti di scienza si avvantaggiarono di queste pubblicazioni, sfruttandone la frequenza per comunicare in breve tempo con i colleghi; così si riunirono nella comunità scientifica internazionale di lingua inglese, dandosi anche il nome di "scienziati".

Gli inizi di un editore

Dopo la sconfitta di Napoleone, l'Italia settentrionale (prima unificata dalla Francia) fu divisa tra il Regno di Carlo Alberto e Ferdinando I d'Austria. Il porto principale dell'Austria divenne la città di Trieste, affacciata sul Mare Adriatico. A Trieste, la vivace comunità ebraica era una città nella città, una sorta di porto per le persone provenienti dalla Germania e dall'Italia centrale, dai Balcani, fin dall'Ungheria e dalla Polonia.

In quegli anni di dominazione straniera, un eminente rabbino, Sabbato Treves, arrivò da Torino per unirsi alla comunità e diventarne il capo. Si sposò ed ebbe tre figli, che si unirono alla sua numerosa famiglia con le altre tre figlie avute da un precedente matrimonio.

Il suo secondo figlio aveva due nomi, il primo italiano, il secondo biblico: Emilio Salomone Treves. Da adolescente, Emilio fu coinvolto dallo spirito rivoluzionario dell'epoca, che espresse nella sua prima fatica letteraria, la tragedia storica *Ricchezza e miseria*, ambientata nella lontana epoca napoleonica (quando l'Italia era unita), che Emilio riuscì a far rappresentare a soli 17 anni. L'ultima battuta è un enfatico grido di ribellione di Giuseppina Buonaparte, che alludeva non troppo velatamente agli attuali dominatori stranieri: "Agli imperi fondati sul crimine, Dio concede poca vita!".

La conseguenza di questa audacia fu solo la censura della sua opera; tuttavia, il giovane Emilio fu presto coinvolto con il fratello in un altro incidente.

Una mattina, gli agenti della dogana ispezionarono due brigantini sardi e trovarono alcune casse contrassegnate come "oggetti vari"; le aprirono e scoprirono che erano piene di libri di propaganda indipendentista. Erano indirizzati alla biblioteca principale della città; il bibliotecario era Enrico Treves, l'altro figlio di Sabbato. La polizia lo arrestò e perquisì la sua casa. Trovarono altri libri nascosti nell'armadio della sorella e lettere agli acquirenti scritte dal fratello Emilio.

Entrambi i fratelli furono processati. Emilio fu prosciolto da tutte le accuse, mentre Enrico fu condannato a quattro anni di reclusione; fortunatamente fu graziato. Fu un sollievo per il padre, che però da allora avrebbe sempre dovuto lodare nelle sue prediche i sovrani austriaci per proteggere la sua famiglia e la sua comunità da altri sconvolgimenti.

Forse per evitare di causare altri problemi ai suoi fratelli, dopo questa brutta esperienza Emilio decise di andare all'estero. Prima si recò a Milano, poi ancora più lontano, in Francia, a Parigi.

Durante il periodo trascorso all'estero, Treves poté imparare molto sul mondo dell'editoria e maturò anche una certa esperienza come giornalista. Come la sua madrepatria, anche la Francia stava vivendo un periodo di sconvolgimenti politici: Napoleone III aveva avviato una disputa territoriale in Medio Oriente con l'imperatore Alessandro II di Russia e i due si erano affrontati nella guerra di Crimea. Il re Vittorio Emanuele II, successore di Carlo Alberto, aiutò Napoleone III inviando un gran numero di truppe, e alla fine la coalizione vinse. Treves poté assistere e raccontare in prima persona il trattato di pace firmato a Parigi.

In seguito, Vittorio Emanuele II, cedendo alcuni territori a Napoleone III, ottenne il suo appoggio e combatté una guerra contro l'Austria per l'indipendenza della penisola. Dopo aver conquistato Milano, la spedizione di Giuseppe Garibaldi conquistò anche i territori del Sud. Il Regno d'Italia fu quindi dichiarato nel 1861, anche se non tutte le città erano state riconquistate, soprattutto Roma.

Nello stesso anno, Treves era tornato in Italia e a Milano aveva conosciuto la ricca e colta Suzette Thompson, una donna londinese venuta in Italia per studiare musica, e i due si erano sposati nella città natale di lei.

Treves, trascorrendo un periodo anche a Londra, dove come a Parigi la divulgazione scientifica era un'attività animata, concepì finalmente il progetto di diventare editore.

L'origine di Nature

Nel 1868, Norman Lockyer, un astronomo dilettante, osservando il Sole notò uno strano colore su alcune parti della sua superficie. Confrontò quindi quella tonalità con i colori emessi dagli altri elementi chimici che componevano la stella, ma non trovò alcuna corrispondenza. In effetti aveva appena scoperto un nuovo elemento nel Sole: l'elio. L'anno successivo alla pubblicazione della sua scoperta, Lockyer fu eletto membro della Royal Society. Aveva 33 anni.

La sua carriera non era però iniziata come scienziato. All'età di 20 anni aveva trovato lavoro presso il War Office, l'antico Ministero della Difesa del Regno Unito. A quel tempo, in epoca vittoriana, l'esercito svolgeva una notevole quantità di ricerche scientifiche, per cui nel suo quartier generale aveva a disposizione molti strumenti scientifici. Un giorno, a lavoro, Lockyer si trovò a vagare nell'osservatorio, dove si trovava il telescopio, e i suoi colleghi lo incoraggiarono a provarlo. Così intraprese lo studio dell'astronomia e scoprì la sua passione. Dopo qualche tempo, finì per acquistare il proprio telescopio e lo installò a casa sua, nel giardino posteriore.

Discutendo del suo hobby con un amico, il politico Thomas Hughes, fu convinto da quest'ultimo a intraprendere un progetto redditizio: una rivista di letteratura economica. Quando uscì, si chiamava *The Reader*. Veniva pubblicata una volta alla settimana e non era molto diversa dalla maggior parte delle riviste popolari dell'epoca, poiché offriva un'ampia (forse troppo ampia) varietà di argomenti, che spaziavano dalla letteratura alla scienza e persino all'arte. Lockyer forniva gli articoli di astronomia.

Molti lettori della nuova rivista ne apprezzarono il contenuto scientifico, in particolare i riassunti delle nuove scoperte e dei recenti convegni; tuttavia, le vendite non erano sufficienti a generare profitti. La redazione sarebbe stata sommersa dai debiti se non avesse ricevuto un importante aiuto, quello di Thomas Huxley, il bulldog di Darwin. L'eminente biologo si offrì di sostenere le spese e divenne anche uno dei proprietari della rivista. Ciononostante, *The Reader* dovette affrontare la spietata concorrenza del *Chambers' Edinburgh Journal* e del *Penny Magazine*, i due giganti del mercato della letteratura a buon mercato dell'età vittoriana. Alla fine Lockyer dovette abbandonare il progetto. A suo vantaggio, almeno, poté fare la conoscenza di Huxley, un collega prezioso; i due non rinunciarono al progetto di una pubblicazione scientifica popolare.

Dopo la scoperta più importante della sua vita, la carriera di Lockyer cambiò drasticamente. Ormai membro della Royal Society, fu avvicinato dal ricco editore Alexander Macmillan, con il quale poté pubblicare il suo primo libro: *Lezioni elementari di astronomia*. Avendo ottenuto un notevole successo, l'astronomo fu anche assunto dalla casa editrice come consulente scientifico.

Alla fine, Macmillan disse al suo nuovo dipendente che avrebbe voluto di ampliare l'offerta della sua azienda con un periodico scientifico, se non fosse stato per la dura concorrenza delle altre grandi riviste. Questa fu l'occasione per Lockyer di presentare Huxley a Macmillan e di raccontargli la loro precedente avventura con *The Reader*. Discuterono di un nuovo progetto e alla fine Macmillan si offrì di sostenerlo con i suoi fondi; Lockyer sarebbe stato il direttore e Huxley un membro della redazione.

Questa volta Lockyer e Huxley pianificarono in anticipo. Lockyer aveva in mente una rivista simile a *The Reader*, ma questa volta su argomenti esclusivamente scientifici. I tempi in cui gli studiosi si interessavano di una varietà di argomenti sterminata, come proponeva il *Journal des Savants*, se non erano ancora finiti, stavano decisamente volgendo al termine.

I concorrenti sarebbero stati ancora una volta il *Chambers' Edinburgh Journal* e il *Penny Magazine*; poiché era impensabile schiacciarli, era necessario coesistere con loro nello stesso mercato, differenziandosi da loro. Questo poteva essere ottenuto su due fronti. Innanzitutto, i contenuti, essendo solo scientifici, sarebbero dovuti essere di qualità eccellente. Poi, il pubblico principale non sarebbe stato quello dei lavoratori poco istruiti, ma quello della classe media istruita, e Lockyer voleva rivolgersi sia agli scienziati che ai non scienziati.

Nonostante tutte queste difficoltà, la rivista era quasi pronta. Per quanto riguarda il titolo, fu preso da un verso del poeta romantico William Wordsworth, messo anche in prima pagina: "Al solido terreno della natura si affida la mente che costruisce per sempre".

Il primo numero di *Nature* uscì il 4 novembre 1869. In copertina (Fig. 8.1), l'illustrazione della testata mostrava il titolo in caratteri irregolari in finto legno su uno sfondo del pianeta Terra avvolto e seminascosto dalle nuvole.

Il prezzo era inizialmente fissato a 4 pence (1.24 euro di oggi), non così alto come quello di un gior-

Figura 8.1. Primo numero di *Nature* (4 novembre 1869).

nale, ma decisamente troppo per quello che un lavoratore poteva essere disposto a spendere. Gli imprenditori della classe media erano infatti il pubblico di riferimento.

All'interno, come previsto, c'erano articoli tecnici e divulgativi, divisi dalla sezione dei libri consigliati, intitolata "I nostri libri", e alla fine c'era la sezione per la corrispondenza, che poteva essere utilizzata dai lettori per comunicare con lo staff o con gli autori.

Anche nel trattare i temi più avanzati, tuttavia, la complessità era ridotta al minimo, per renderli il più possibile comprensibili. Nell'articolo di Lockyer sulle eclissi solari, ad esempio, la narrazione dell'osservazione era in prima persona, cosa che sarebbe stata fuori luogo in un articolo strettamente tecnico, come quelli che lui stesso aveva scritto per le *Philosophical Transactions*.

D'altra parte, l'articolo scritto da Huxley, che dovrebbe essere informativo, parla di alcune recenti scoperte in paleontologia e dei futuri sviluppi nello studio dei dinosauri; la notizia meriterebbe forse una trattazione più approfondita, ma rimane generica, essendo lunga solo mezza colonna.

Queste due anime della rivista hanno subito generato perplessità nel pubblico. Non era chiaro chi dovesse leggere una rivista del genere. Erano i non addetti ai lavori? La maggior parte degli articoli era troppo dettagliata, le illustrazioni troppo tecniche e gli argomenti trattati erano troppi, dall'astronomia alla botanica, alla paleontologia. I lavoratori scientifici? Gli articoli erano troppo generici per loro e coprivano troppi campi (un botanico non era probabilmente interessato agli aspetti tecnici dell'astronomia).

A causa di questa ambiguità, i primi anni non furono affatto redditizi e Macmillan dovette pagare per le continue perdite. Egli scrisse persino all'editore le sue preoccupazioni.

10 novembre 1871
A Sir Norman Lockyer.

Spero che il vostro viaggio sia piacevole e prospero. Sono molto preoccupato per *Nature*. Non posso fare a meno di pensare che ci sarebbe poco che possa renderla un successo e, in tal caso, sarebbe un beneficio per voi. Ho pensato a molte cose. Al momento stiamo cercando di diffonderlo nelle scuole e, se ci riusciremo, ci dedicheremo a qualche altra attività.

– Alexander Macmillan

Il messaggio era chiaro: se non si fosse trovata una soluzione per rendere *Nature* utile al pubblico, la nuova rivista diretta da Lockyer avrebbe fatto la stessa fine del suo progetto precedente.

Le altre riviste scientifiche

La prima rivista che portava il nome della natura non fu quella fondata da Lockyer e Macmillan. Circa vent'anni prima, lo scrittore tedesco Otto Ule, insieme ad alcuni colleghi, aveva fondato il settimanale *Die Natur*. La copertina (Fig. 8.2) mostrava un vulcano in eruzione con la costellazione dell'Orsa Maggiore sullo sfondo, avvolta da una ghirlanda di fiori e da un uroboro (il serpente che si morde la coda). Lo spirito di questa copertina è quello del romanticismo, una filosofia che (oltre a disdegnare la sobrietà) considerava lo studio della natura soprattutto un modo per accedere a livelli superiori della dimensione eterna dell'uomo, simboleggiata dall'uroboro. Lo scopo di *Die Natur*, come dichiarato nel sottotitolo, era quello di diffondere la conoscenza scientifica ai lettori di tutte le classi; tuttavia, già nel primo numero, oltre ai contenuti di divulgazione scientifica e filosofica, vi era una sezione dedicata alle recenti novità letterarie, perché l'arte, rappresentata dalla ghirlanda, era considerata superiore alla natura.

Un romantico era anche William Wordsworth, il poeta che ispirò il titolo di *Nature*; e come romantico, aveva un atteggiamento piuttosto ostile nei confronti della scienza. Ciò era evidente anche nel so-

Figura 8.2. Primo numero di *Die Natur*.

netto da cui proveniva il verso che apriva *Nature*: "Al solido terreno della natura si affida la mente che costruisce per sempre", ma il verso successivo era: "Convinta che lì, soltanto lì, può gettare fondamenta sicure". La redazione di *Nature* non si accorse di questo inconveniente per molti anni, e solo nel decennio del 1940 lo evidenziò in un articolo, eliminando poi il verso in occasione del rifacimento del logo della rivista. Il nome, ovviamente, rimase.

In Francia, la divulgazione scientifica era ancora diversa dalla Gran Bretagna e dalla Germania. Emilio Treves poté constatarlo di persona quando arrivò a Parigi in quegli anni. Inizialmente lavorò come insegnante di italiano, poi divenne giornalista e corrispondente dalla Francia per alcuni giornali italiani. Lavorando in questo campo, Treves poté conoscere la produzione di riviste scientifiche che in Francia era davvero vasta e diversificata. Infatti, invece del romanticismo, gli editori francesi credevano nel positivismo, la filosofia di Auguste Comte, secondo il quale la scienza, oltre a essere strettamente basata su razionalità e fatti, era utile per offrire ai cittadini imprenditori la possibilità di potenziare il loro lavoro, e quindi migliorare la loro condizione economica.

A Parigi non c'erano due colossi editoriali come a Londra, ma per ogni campo della scienza c'era una rivista: c'era il *Bulletin de la Société chimique*, gli *Annales des sciences naturelles*, gli *Annales des mines*, ecc. Per il grande pubblico, una delle pubblicazioni più importanti era il *Musée des familles*, un periodico illustrato di contenuto vario sul modello del *Penny Magazine*, che fin dal suo primo numero si proponeva di offrire "Un corso di istruzione familiare che è quasi gratuito perché è così economico". Anche la letteratura era presente, ma per motivi diversi rispetto a *Die Natur*. Come nella maggior parte delle riviste di quel periodo (soprattutto il *Chambers' Edinburgh Journal*), i romanzi e la serializzazione erano un espediente per incrementare le vendite, e i racconti storici, così come i resoconti di viaggio, erano una sorta di continuazione dei contenuti scientifici a cui erano affiancati.

Il *Journal des Savants* era ancora attivo in quegli anni e, in virtù del suo prestigio, era anche una delle riviste più lette dai dotti d'Europa. Tra i suoi lettori c'era anche il poeta Giacomo Leopardi, che nel 1828 riportò due estratti dal riassunto del diario di viaggio di Monsieur de Meyendorff, un barone. Recatosi a Bukhara, nell'odierno Uzbekistan, il nobile incontrò i Kirkis, un popolo di pastori nomadi che aveva un'abitudine particolare: "Parecchi di loro passano la notte seduti su una pietra a guardare la luna e improvvisano parole piuttosto tristi su melodie non meno tristi". Questo brano è trascritto anche nel manoscritto originale di una delle poesie più famose di Leopardi, *Canto notturno di un pastore errante dell'Asia*, ispirato a quell'articolo del *Journal des Savants*.

Il darwinismo in Europa

A differenza di Copernico, la teoria di Darwin si diffuse molto rapidamente mentre era ancora in vita, anche se rimase per molti anni controversa.

Le parodie su Darwin arrivarono anche in Francia grazie a una stampa di André Gill, pubblicata su una rivista parigina e intitolata *L'homme descend du singe* ("L'uomo discende dalla scimmia", Fig. 8.3). Darwin si comporta come una scimmia ammaestrata al circo che passa attraverso due cerchi di carta etichettati come "Credulità" e "Ignoranza".

La didascalia celebrava ironicamente il naturalista, come se l'evoluzionismo fosse la sua più fortunata esibizione: "Darwin! A che punto arriverà la magnificenza del circo? Si vocifera la partecipazione del famoso Darwin, che verrà a fornire la prova della sua genealogia esibendo la prestigiosa agilità che ha ereditato dai suoi antenati (le scimmie)".

In Italia, Darwin fu il corrispondente di due uomini di scienza: Michele Lessona e Paolo Mantegazza.

Figura 8.3

Michele Lessona, dopo essersi laureato in medicina a Torino, sposò Maria Ghignetti contro il volere della famiglia e insieme alla moglie fuggì all'estero, fino in Egitto. Lì diventò medico alla corte del re, e poi direttore dell'ospedale del Cairo. Ghignetti diede alla luce la loro figlia, ma poi morì in un'epidemia di colera. Lessona tornò in Italia e ottenne un posto di professore di zoologia. Incontrò un'altra donna, Adele Masi, che aveva perso il marito e aveva tre figlie; i due si sposarono, lei assunse il cognome del marito come si usava all'epoca, ed ebbero altri sei figli, per un totale di dieci.

Come lavoro secondario, il professor Lessona pubblicò anche molte traduzioni di testi scientifici del suo settore: fu il traduttore della prima edizione italiana di *L'origine dell'uomo* di Darwin, al quale scriveva regolarmente per chiedere chiarimenti sulla sua traduzione. Ma Lessona si avvalse anche dell'aiuto della sua famiglia: con la moglie avevano deciso di dare ai figli un'educazione in casa, come era comune nella Gran Bretagna vittoriana, e poiché erano sufficientemente abili, lavoravano tutti insieme alla traduzione di libri. Inoltre, Adele era quella che conosceva meglio l'inglese (il marito scriveva a Darwin in un francese stentato); è possibile che lei abbia tradotto gran parte di *L'origine dell'uomo*. Non doveva essere facile supervisionare dieci figli e ottenere anche un buon prodotto; ma era una necessità economica per la famiglia: le traduzioni erano pagate ben 25-30 lire a pagina (circa 120 euro di oggi).

L'altro grande sostenitore di Darwin in Italia fu Paolo Mantegazza. In gioventù, Mantegazza, appena laureato in medicina, viaggiò in Europa poiché deluso da quanto poco poté imparare all'università. Mentre si trovava a Parigi, scrisse un libro che gli avrebbe procurato una certa popolarità, *Fisiologia del piacere* (1854). Mantegazza raccontava in termini vagamente medici il funzionamento di tutti i piaceri umani, mentali e fisici, anche sessuali. Era una novità così interessante per il pubblico dell'epoca che questo fu il primo di una serie di libri dal titolo simile; il termine "fisiologia", già usato impropriamente, divenne un mero espediente pubblicitario.

Mantegazza divenne corrispondente di Charles Darwin grazie a un esperimento che aveva fatto. Il medico aveva trapiantato l'unghia di un gallo in un orecchio di una mucca perché voleva scoprire se l'unghia avrebbe continuato a crescere su un altro tessuto. L'esperimento riuscì, e il suo resoconto fu trascritto su una rivista scientifica popolare, la *Popular Science Review*. Tuttavia, i redattori avevano erroneamente scritto che Mantegazza aveva trapiantato l'unghia nell'occhio e non nell'orecchio dell'animale.

Quella rivista aveva tra i suoi lettori lo stesso Charles Darwin, che in quel periodo stava pensando a come ampliare quanto aveva scritto in *L'origine dell'uomo*. L'esperimento sulla mucca gli fu particolarmente utile, e citò Mantegazza nel suo libro *The Variation of Animals and Plants under Domestication*.

Quando Mantegazza lo scoprì, divenne euforico. Ma si accorse anche dell'errore nel resoconto di Darwin, dovuto alla rivista da cui l'aveva tratto. Con il pretesto di correggerlo, gli inviò una lettera scritta in francese:

Pavia (Italia)
19 marzo 1868

Gentile Signore,
sono impegnato nella lettura della sua grande opera: *Le variazioni degli animali e delle piante sotto l'addomesticamento*; un sublime monumento dell'intelligenza umana. Il libro segnerà una grande epoca nella storia delle scienze naturali.

Nel secondo volume (pagina 369) ho avuto il piacere di vedere citato uno dei miei lavori sull'innesto negli animali; ma lei ha fatto riferimento alla *Popular Science Review*, dove i miei esperimenti sono stati descritti con poca precisione. Lo sperone del gallo non è stato innestato nell'occhio di un bue, ma in un orecchio (come viene fatto spesso in Brasile).

Mi permetto di inviarle il mio ritratto; almeno come ombra voglio entrare nel suo santuario dove lei riforma la scienza, in cui si aprono orizzonti sconfinati alla meditazione e alla filosofia del futuro.

Oserei troppo a chiederle di inviarmi il suo? Sarei il più felice degli uomini.

Mi scriva in inglese: lo capisco molto bene, ma non so scriverlo.

– Dott. Paolo Mantegazza

Sulla parte superiore della lettera originale, Darwin ha annotato a matita "Send my Photograph" ("Mandare mia foto"). Era comune chiedere e ricevere una foto da Darwin; invece, la foto che Mantegazza dice di aver inviato non è stata trovata nell'archivio del naturalista.

Anche se era il più fervente dei darwinisti, Mantegazza avrebbe portato l'evoluzionismo troppo in là. Si definiva evoluzionista, positivista e nemico della religione. Su quest'ultimo punto, è singolare che la sua retorica fosse invece satura di temi religiosi, che invece di glorificare Dio glorificavano la scienza come sostituto della religione. Un assaggio si può vedere nella lettera che ha scritto al suo idolo, ma è più evidente nel discorso che Mantegazza tenne a Firenze un mese dopo la morte di Darwin. In una solenne allegoria, raccontò che Darwin, dopo aver scritto le sue opere, disse "Sia la luce", e gli scienziati, che sono i sacerdoti della scienza, dopo averle lette videro che era cosa buona.

Tissandier, aeronauta ed editore

Sentendosi minacciato dall'ascesa dell'Impero prussiano, Napoleone III gli dichiarò guerra nel luglio 1870. Inizialmente, i parigini, ricordando la vittoria delle loro truppe nella guerra di Crimea, pensavano che anche questa volta avrebbero vinto; invece, dopo una serie di sconfitte, l'esercito prussiano si fece strada fino alle porte della capitale, che furono sigillate. Le comunicazioni con le altre città non potevano passare per terra, perché i messaggeri sarebbero stati uccisi dai soldati nemici, né attraverso la Senna, perché erano state erette barriere contro le imbarcazioni, e i cavi del telegrafo erano stati tagliati.

C'era solo una via possibile: l'aria. Due aeronauti, i fratelli Albert e Gaston Tissandier, si offrirono volontari per portare i messaggi oltre le linee nemiche con la loro mongolfiera, la Celeste. Tuttavia, mentre era conservata, la tela si era congelata e si era graffiata; Albert dovette ripararla incollandovi sopra della carta. Poi, insieme, la prepararono per il volo: prima riempirono la mongolfiera, poi vi attaccarono il cesto e infine i sacchi di zavorra. Poiché il pallone avrebbe dovuto trasportare anche i pesanti pacchi, c'era posto solo per un aeronauta, e Gaston scelse di essere lui per la prima ascensione esplorativa. Il capo dei servizi postali gli consegnò una gabbia con tre piccioni che Tissandier avrebbe dovuto liberare una volta arrivato a destinazione e che sarebbero tornati alla stazione, annunciando il successo della missione.

All'alba, il rombo delle cannonate si sentiva in lontananza, la Celeste si alzò in volo, sostenuta da un vento favorevole che la portò rapidamente sopra le strade di Parigi, che dobbiamo immaginarci senza l'iconica Tour Eiffel, in quell'anno non ancora costruita. Gaston salutò il suo equipaggio a terra per segnalare che il decollo era andato bene, poi si guardò intorno e vide le barricate che circondavano la città e il fumo dei cannoni che avevano appena sparato. Al mattino, sorvolando la campagna a 1000 metri di altezza, non vide altro che desolazione. Nessuna persona sui sentieri, nessuna barca sulla Senna o vagoni sulla ferrovia. I ponti erano stati demoliti.

La vista del cielo limpido era piacevole, ma il sole picchiava forte; Tissandier dovette pazientemente sopportarlo, insieme all'odore del gas che diventava più forte man mano che il volo proseguiva. I piccioni si agitavano nervosamente nella gabbia.

Con l'aiuto di un binocolo, Tissandier guardò in basso e vide alcuni cavalieri prussiani che inseguivano il suo pallone e sparavano. Era troppo in alto per essere raggiunto; così, come risposta ai proiettili, lanciò alcuni volantini che offrivano un trattato di pace ai soldati, sperando che questi avrebbero tradito il loro esercito. Ma intanto il gas stava finendo. Si trovava nei pressi di un piccolo villaggio, a circa 400 metri dal suolo; gridò, chiedendo se ci fosse qualche prussiano lì dentro, e quando gli fu risposto in francese, finalmente atterrò. Una volta liberati, i piccioni si diressero verso Parigi.

Tuttavia, la guerra finì con la resa della Francia.

Tissandier non abbandonò la sua attività di aeronauta, ma decise di affiancarla a un'attività editoriale in cui poteva raccontare le sue esplorazioni nell'aria.

Ebbe l'idea di offrire a un pubblico francese il contenuto e il formato di quella rivista scientifica settimanale inglese che era appena uscita, *Nature*. Ma a differenza di Lockyer che faticava a trovare un obiettivo per la sua rivista, non appena Tissandier dovette scegliere il tema per la sua, gli fu subito chiaro. Il fatto che ci fossero molte pubblicazioni in altrettante nicchie era utile, perché c'era solo una che rimaneva insoddisfatta: le notizie scientifiche. Così, quattro anni dopo l'uscita di *Nature*, Tissandier pubblicò il primo numero di *La Nature*.

La copertina (Fig. 8.4) è stata disegnata da Albert e mostra il titolo della rivista sullo sfondo di un mare calmo; il battello a vapore nell'acqua è l'unica piccola traccia di presenza umana.

Nella prefazione, l'editore presentava quella che riteneva essere la caratteristica più di valore della sua rivista: le illustrazioni. La maggior parte di esse furono realizzate dal fratello Albert, che era anche un abile artista, e le sue opere furono impresse attraverso la xilografia, la tecnica di stampa delle incisioni su legno. A differenza del suo equivalente inglese, dove le illustrazioni erano sporadiche e

Figura 8.4. Copertina di *La Nature* diretta da Gaston Tissandier.

tecniche, *La Nature* faceva uso di immagini non solo per chiarire i contenuti scientifici, ma anche per produrre un effetto spettacolare.

Gli articoli scritti dallo stesso Tissandier sulle sue ascensioni ne sono il miglior esempio, come quello in cui racconta di quando osservò un misterioso fenomeno nel cielo.

Nella montagna di Brocken, nella Germania settentrionale, i contadini della valle credevano che ci fossero degli spettri, perché tra le nuvole apparivano delle ombre giganti. Uno scienziato spagnolo, Antonio Ulloa, aveva già osservato qualcosa di simile mentre viaggiava in Ecuador, sulla cima di un vulcano spento, e chiamò questo fenomeno Cerchi di Ulloa. Egli scrisse: "Ero sulla cima della montagna con sei compagni di viaggio; tutto intorno a noi era coperto da spesse nuvole; il sole era quasi impossibile da distinguere. Improvvisamente, sul lato opposto a quello in cui sorgeva il sole, ognuno dei viaggiatori vide, a una dozzina di braccia dal posto che occupava, la propria immagine riflessa nell'aria come in uno specchio; l'immagine era al centro di tre arcobaleni sfumati di vari colori. Il colore più esterno di ogni arco era cremisi o rosso; l'ombra vicina era arancione; la terza era gialla, l'ultima verde".

Figura 8.5

Per assistere di persona a questo spettacolo, Tissandier allestisce il suo pallone e sale alle 17:35, superando i bellissimi cumuli bianchi che si estendono orizzontalmente nell'atmosfera a 1900 metri di quota. Il sole è caldo e il gas si è espanso portando verso l'alto il pallone; ma l'aeronauta ha poche sacche di zavorra per l'atterraggio, quindi diminuisce la pressione per ridiscendere. Improvvisamente, librandosi, sopra una vasta nuvola, il sole vi proietta l'ombra confusa del pallone, che appare circondato da un alone nei sette colori dell'arcobaleno. Scendendo ancora di circa 50 metri, Tissandier riesce a vederlo meglio.

L'ombra del pallone è proiettata in una grande macchia nera, quasi a grandezza naturale. I più piccoli dettagli della nave, l'ancora, le corde, sono disegnati nitidamente sullo sfondo argenteo della nuvola; Tissandier alza le braccia e il suo doppio alza le braccia. L'ombra del pallone è circondata da un pallido alone ellittico in cui i sette colori dello spettro appaiono visibilmente in zone concentriche. La temperatura era di 14 gradi centigradi; l'altitudine di 1900 metri.

In seguito, Tissandier effettuò una seconda ascensione, questa volta con il fratello, che fu così in grado di rappresentare questo spettacolo dal vivo.

Questo reportage di Tissandier è un perfetto esempio di divulgazione scientifica di tipo spettacolare. In prima persona, l'autore si rivolge direttamente ai lettori, fornendo un resoconto di prima mano che mescola la tecnicità dell'aeronautica e la meraviglia di un'avventura esotica. Le illustrazioni del fratello completano le sue parole.

Il coinvolgimento del pubblico garantì a *La Nature* un successo che durò un secolo, fino a quando la rivista fu assorbita da un'altra, *La Recherche*.

Treves, il primo editore di una nazione

Tornato a Milano, Emilio Treves, con i soldi della dote matrimoniale, fondò la sua tipografia, la Casa Editrice Treves. La sua prima pubblicazione pe-

Figura 8.6

riodica fu *Museo di famiglia*, un equivalente italiano della rivista francese.

Nei dieci anni successivi, mentre l'unificazione dell'Italia proseguiva, Treves poté espandere la sua attività con l'aiuto degli altri fratelli, che si unirono all'attività. Giuseppe Treves sposò Virginia Tedeschi, e anche loro contribuirono con la dote matrimoniale alla casa editrice, che da allora si chiamò

Fratelli Treves. Virginia contribuì anche alla produzione letteraria, scrivendo sotto lo pseudonimo di Cordelia molti articoli divulgativi e libri per adolescenti. Grazie a tutte queste risorse, Fratelli Treves divenne la più importante casa editrice della neonata nazione. Avrebbe stampato le prime edizioni di molti autori eminenti, come Gabriele D'Annunzio e i due premi Nobel Grazia Deledda e Luigi Pirandello.

La casa editrice Treves divenne in effetti famosa soprattutto per la sua produzione letteraria; ma Emilio, fin dal suo soggiorno in Francia, aveva una particolare passione per la divulgazione scientifica, e così volle provare ad aggiungerla alla sua produzione. Per farlo, fece conoscenza con molti scienziati e divulgatori, e li ingaggiò per pubblicare i loro libri.

Michele Lessona, professore di zoologia a Torino, pubblicò per Treves *Conversazioni scientifiche* (1869), un libro che raccoglieva alcuni articoli da lui pubblicati per alcune riviste. La maggior parte di essi sono risposte ad altri articoli scritti da altri giornalisti, e da qui il titolo. Come abbiamo visto, il dialogo ha una lunga tradizione nella divulgazione scientifica, ma qui il dialogo è fatto con un interlocutore assente.

Nel primo articolo il professore si rivolge a un collega che ha scritto che la lumaca è un insetto. Lessona finge di parlare direttamente con lui, come se gli stesse scrivendo una lettera aperta, ironizzando garbatamente sull'ingenuo errore. Ma oltre alle correzioni, nella sua risposta Lessona racconta anche una breve storia della lumaca, citando alcuni componimenti poetici dedicati al piccolo animale e descrivendone gli usi culinari in varie culture. Questo è l'espediente letterario della digressione: invece di parlare a lungo di un unico argomento, l'autore se ne discosta più volte per esplorarne diversi dettagli. Il risultato è un discorso che sembra improvvisato e spontaneo, come una vera conversazione che cambia repentinamente da un tema all'altro, seguendo l'interesse dei partecipanti. Sarebbe davvero una dose eccessiva di informazioni se l'obiettivo fosse solo quello di correggere il collega; così, la risposta di Lessona è in realtà un pretesto: non è un dialogo con l'altro professore, ma con il suo pubblico, il vero destinatario assente della conversazione.

Oltre ai libri di divulgazione scientifica, Treves aveva in mente un progetto più ambizioso, un periodico scientifico che potesse essere l'equivalente delle altre due grandi riviste europee dedicate alla natura, e anche un incrocio tra di esse, che unisse utile e spettacolare. Pur avendo già Lessona tra i suoi autori, voleva che a dirigere questo progetto fosse un nome ancora più illustre, e scelse di rivolgersi a Paolo Mantegazza.

La copertina di *La Natura* (Fig. 8.7) era un confuso mosaico di simboli contrastanti. In primo piano c'è l'immagine di un faro, banale metafora della scienza. Un raggio di luce, che squarcia la testata in due parti, arriva dall'altra parte e illumina un palo della luce, forse lo stesso che ha portato energia al faro (una sorta di richiamo all'eternità, come l'uroboro in *Die Natur*?). Sullo sfondo, un mare in tempesta, un'immagine romantica davvero straniante.

La Natura era un settimanale di 16 pagine e il prezzo era di 0.40 lire (circa 1.80 euro). Nella prefazione, Mantegazza presentava il periodico con entusiasmo, facendo il suo ricorrente parallelo tra scienza e religione; i collaboratori erano i migliori scienziati dell'Università di Milano, quindi i presupposti per un prodotto di alto livello c'erano.

Tuttavia, anche se responsabile del progetto, Mantegazza non era quasi mai presente in redazione, perché impegnato in altri lavori più redditizi, come un almanacco o il suo podere. Nonostante questa trascuratezza, il professore era però sempre in lite con Treves perché riteneva il suo compenso troppo basso.

Figura 8.7. Primo numero di *La Natura* (1 gennaio 1884).

Inevitabilmente il personale era lasciato a sé stesso, e i collaboratori non erano ben coordinati, per cui gli articoli, anche se molto buoni e interessanti, erano spesso eterogenei per stile e livello di difficoltà. Peggio ancora, il direttore non sempre controllava i contenuti prima della loro pubblicazione, ed essendo l'unico dello staff con sufficienti conoscenze scientifiche, gli incidenti erano ricorrenti e talvolta imbarazzanti. Il più grave fu la pubblicazione un articolo che raccontava la nascita di un ibrido tra un coniglio e un'anatra in Germania. La storia proveniva da un giornale illustrato tedesco (*Illustrirte Zeitung*), ma nessuno dello staff poteva capire che questa non era una buona fonte per notizie scientifiche. Mantegazza si lamentò vivamente e lo staff si scusò, ma la situazione non migliorò molto neanche in seguito.

Al di là di tutto, *La Natura* fu accolta abbastanza calorosamente dal pubblico: nella prima settimana vendette 2000 copie. Tuttavia, dopo appena un anno, gli affezionati erano solo la metà. Questo non bastava a sostenere le spese, così la rivista dovette chiudere, 18 mesi dopo il suo lancio.

Emilio Treves disse a Mantegazza: "È tutta colpa di un pubblico pessimo com'è il nostro in generale". Secondo lui, *La Natura* era molto buona e varia. Treves pensava che il pubblico ideale dovesse essere l'imprenditore borghese che voleva migliorare le proprie conoscenze tecniche, come accadeva in Francia. E aggiunse: "Se in 20 anni d'editorato ho avuto qualche fortuna, non l'ho avuta che con la roba peggiore, o la più superficiale". Un giudizio forse troppo severo, visto che Treves, oltre ai suoi romanzi, aveva sempre venduto bene i suoi libri di divulgazione scientifica.

Quanto a Mantegazza, continuò a scrivere e a pubblicare, il che gli portò più soldi e fama. Aveva deciso di scrivere anche romanzi. Seppure opere di fantasia, questi erano un pretesto per diffondere la sua morale, basata su una personale interpretazione dell'evoluzionismo. Il suo romanzo *L'anno 3000* è molto interessante perché è un esempio di romanzo di fantascienza dell'epoca. La storia si apre con i due protagonisti, un uomo e una donna, che decidono di sposarsi, ma prima di farlo prendono un veicolo volante e si recano nella capitale del mondo, dove saranno giudicati da un tribunale che deciderà se sono idonei alla riproduzione.

Il precetto eugenetico procurò alcune critiche al professore. Una di esse venne da Adele Lessona, moglie del suo collega Michele, che in una recensione scrisse: "Secondo questo concetto bisognerebbe fare nella specie umana quello che si fa colla specie degli animali domestici: non pensare che al miglioramento della razza.".

Ciononostante, tutti i libri di Mantegazza rimasero popolari anche dopo la sua morte, fino al fascismo, periodo nel quale divennero grandi classici. In quegli anni poi, quando Emilio Treves ormai non c'era più, la sua casa editrice fu chiusa a causa dell'approvazione delle Leggi Razziali, che vietavano l'apertura di attività commerciali legate agli ebrei.

Come Nature *si salvò*

Contro ogni previsione, quella stessa doppia anima per cui *Nature* stava inizialmente fallendo fu la stessa ragione che la salvò. E in ciò fu decisiva la questione riguardante una certa parola.

La parola inglese *scientist* "scienziato" ha appena 150 anni e si è diffusa solo quando è stata usata in *Nature*.

In inglese, la parola "science" è un prestito medievale dal francese, che a sua volta deriva dal latino *scientia*, "conoscenza". Abbiamo visto a p. 18 che il filosofo Boezio inventò l'aggettivo *scientificus* per descrivere qualcosa che produce conoscenza; tuttavia, "scienza" era ancora usato in un senso molto più ampio di oggi.

Per molto tempo, infatti, la conoscenza ottenuta attraverso gli esperimenti è stata chiamata semplicemente "filosofia". Tuttavia, a un certo punto fu evidente che il termine era diventato troppo stretto: nel 1821, a Edimburgo fu pubblicata la traduzione di un saggio introduttivo alla botanica intitolato *Elementi di filosofia delle piante.*

È in questo periodo che la parola "scienza" acquisisce il suo senso moderno.

Il problema ora riguardava il nome di coloro che la praticavano. Essi venivano indicati con l'espressione "filosofi naturali", che era ancora legata all'origine della loro disciplina e risultava anche ingombrante.

Come si presentava nel frattempo nelle altre lingue europee?

In italiano, la parola "scienziato" compare nella prima edizione del Vocabolario della Crusca, il più antico dizionario italiano, risalente al 1626. In origine, però, la parola era un aggettivo, non un sostantivo, e si riferiva a qualcuno che possedeva grandi conoscenze. Infatti, all'epoca, Galileo firmava i suoi trattati definendosi filosofo e matematico. Solo nell'Ottocento il termine è diventato un sostantivo che definisce una persona esperta di scienza.

In francese, il *Dictionnaire de l'Académie française* indicava il termine "scientifique", derivato da *scientificus*, solo come aggettivo; tuttavia, il suo concorrente, il *Dictionnaire universel* di Antoine Furetière, affermava che "scientifique" può anche definire una persona che sa molto. All'epoca, in Francia, una persona che studiava la natura era indicata con la parola molto generica *savant*, come nel *Journal des Savants*. Oggi la parola francese per definirli è "scientifique", e l'*Académie* l'ha accettata solo nell'ultima edizione del suo dizionario.

Per quanto riguarda l'inglese, un'alternativa a "natural philosopher" era "men of science", che non includeva le donne. Esisteva una terza opzione, "lavoratore scientifico", ma era comunque macchinosa.

La parola *scientist* compare per la prima volta nella storia nel numero di marzo 1834 della rivista *Quarterly Review*. Si trattava di una recensione di *Sull'interconnessione delle scienze fisiche*, un libro di divulgazione scientifica di Mary Somerville che raccontava in termini più ampi come i campi della scienza, dall'astronomia alla fisica, si completassero a vicenda. L'autore anonimo dell'articolo fa una considerazione personale alla fine, notando che tutti i campi della scienza possono invece sembrare destinati alla separazione proprio in virtù della mancanza di un nome con cui designarne collettivamente gli studiosi. Dice poi l'anonimo: "Qualche ingegnoso signore ha proposto che, per analogia con *artist*, essi possano essere chiamati *scientist*".

Sei anni più tardi, l'anonimo recensore si rivelò essere lo stesso ingegnoso (e modesto...) signore che aveva inventato la parola. Si trattava di William Whewell, direttore dei Trattati di Bridgewater e feroce oppositore di *Vestiges of the Natural History of Creation*. In uno dei suoi libri sulla storia della scienza, disse: "Abbiamo davvero bisogno di un nome per descrivere un cultore della scienza". Poi aggiunge: "Sarei propenso a chiamarlo *scientist*".

Altre possibili opzioni sarebbero state *sciencer*, sul modello di *philosopher*, o *scientific*, come in francese. Whewell scelse *scientist* perché era abituato a coniare molti neologismi in ambito scientifico (tra gli altri, creò anche *linguistics*, "linguistica"), quindi è possibile che abbia scelto la terminazione in *-ist* perché era il suffisso più dotto, in quanto deriva dal greco.

Thomas Huxley pensava che la nuova parola fosse brutta, tanto da credere che fosse di origine americana. Whewell era inglese come lui.

Quasi un secolo dopo, la parola non era ancora comune, e lo rimase fino a quando i collaboratori di *Nature* pensarono di usarla.

Perché proprio *Nature*? Essa era a metà strada tra una rivista scientifica popolare e una rivista scientifica; era una rivista settimanale, come molte pubblicazioni popolari di quel periodo, ma era una novità per un pubblico di specialisti, che di solito pubblicavano su riviste mensili, come le *Philosophical Transactions*. Questa frequenza di pubblicazione permetteva agli autori degli articoli di comunicare tra loro molto rapidamente, non solo per discutere le loro scoperte, ma anche per dibattere questioni generali della comunità scientifica, come appunto se usare o no la parola *scientist*.

Nel 1924, il fisico Norman Campbell scrisse a *Nature* in proposito.

> C'è un pregiudizio nei confronti di questa parola. Alcuni si fanno scrupoli etimologici; dicono che è un brutto ibrido tra una radice latina e una desinenza greca. Tuttavia, la parola è qui; non c'è possibilità di sopprimerla del tutto. Se non volete *scientist*, almeno forniteci un'altra parola.

Una settimana dopo, la sezione della corrispondenza fu inondata di messaggi.

Sir Edwin R. Lankester, uno zoologo, scrisse: "Spero che *Nature* continui a rifiutarsi di usare la parola *scientist*". Era preoccupato che, come qualsiasi impostore poteva affermare di essere un *artist* poiché il termine si riferiva a qualità vaghe, lo stesso sarebbe accaduto con *scientist*.

"Ciononostante", scrisse invece Israel Gollancz, professore di letteratura, "potrebbe essere usato con vantaggio al posto di *scientific worker* o *man of science*".

Sir D'Arcy W. Thompson, un biologo, scrisse: "Sarebbe pedante, al giorno d'oggi, opporsi a questo termine solo per il fatto che inizia in una lingua e finisce in un'altra. Sarei riluttante a usarlo io stesso, ma non mi sognerei di oppormi al suo uso da parte di altri".

W. J. Sedgefield, un altro professore di letteratura, scrisse: "È, ovviamente, quando ci si ferma ad esaminarlo, un ibrido, ma come quell'altro ibrido, il mulo, fa un lavoro utile".

H. Wildon Carr, filosofo, scrisse: "La mia intensa antipatia per la parola *scientist* è dovuta al fatto che la distinzione tra filosofi e scienziati è falsa quando implica che i filosofi sono disinteressati ai risultati positivi della scienza".

"L'Oxford Dictionary, una miniera di ispirazione troppo poco utilizzata, riporta *sciencer* e *sciential*, entrambe parole eufoniche", ha affermato il chimico Henry E. Armstrong in un numero successivo. "Io ho usato spesso *sciencer*, e mi piace".

La maggior parte di questi pregiudizi dipende dalla novità: raramente i neologismi vengono accolti come parole belle, ma probabilmente perché non sono mai stati sentiti prima. Inoltre, non è difficile trovare gli stessi loro difetti in altre parole esistenti.

Altre osservazioni sulla parola *scientist* erano preoccupazioni legittime: il nome della professione avrebbe definito il suo status. Infatti, quando la scienza delle origini era ancora semplicemente lo studio della natura, era vista come *otium*, poco più di un passatempo erudito. E ora, che la scienza era diventata una professione di pari dignità rispetto alle altre, la parola per definire chi lavora in quel campo tagliava definitivamente con il suo passato.

Alla fine il dibattito si concluse così: dopo aver consultato alcuni linguisti, la redazione decise che per il momento avrebbe continuato a evitare la parola, ma diede comunque ai collaboratori il permesso di usare *scientist* nei loro articoli, se lo desideravano.

Così, *Nature* divenne un luogo di incontro per coloro che studiavano la scienza, che lo frequentavano non solo per motivi professionali, ma anche per prendere coscienza di sé, del proprio lavoro e del proprio ruolo nella società. Per rendere ciò possibile, *Nature* dovette modificare il suo progetto originario, spostando il pubblico di riferimento dalla classe media agli scienziati, e prevedendo solo come obiettivo secondario la divulgazione delle recenti scoperte scientifiche al grande pubblico.

Oggi può sorprendere anche solo che un tale dibattito abbia avuto luogo, e nemmeno un secolo fa; ma è notevole che sia avvenuto sulle pagine di *Na-*

ture, che da allora divenne il forum globale per i membri della comunità scientifica internazionale.

Conclusione

"La natura è come un grande spettacolo", dice Fontenelle (p. 106). "Dalla vostra poltrona non potete vedere cosa succede veramente nella scena, perché le macchine che rendono possibili tutti quei piacevoli effetti speciali sono state nascoste alla vista. Ma non ve ne preoccupate e vi godete lo spettacolo. Invece, il macchinista che vuole sapere a tutti i costi come funzionano le cose è un po' come gli scienziati".

Ai tempi di Fontenelle il teatro era aperto solo ai ricchi; ora tutti possono permettersi un posto a sedere, e questo è un po' un bene.

Lo spettacolo è uno, ma i punti di vista su di esso sono tanti quanti i posti a sedere in teatro. Così come le voci discordanti che discutono dopo la fine della rappresentazione. Una volta tutti si godevano lo spettacolo e solo i macchinisti volevano sapere cosa succedeva davvero dietro le quinte; oggi anche il pubblico ha questa stessa curiosità.

Come possiamo distinguere chi ha ragione? Se dovessimo scegliere come facevano nel Medioevo, la scelta ricadrebbe su Aristotele, ma questo è il principio di autorità. Dobbiamo però fare attenzione: l'autorità può assumere molte forme, e sempre più sottili. Nessuno difenderà mai ciò che dice ammettendo francamente di riferirsi a un'autorità. Piuttosto direbbe che *la spiegazione è superflua*. L'appello più ovvio all'autorità sarebbe: "Darwin ha detto...", ma potrebbe anche essere: "Questo articolo sottoposto a revisione conclude...". Sono tutti modi per riferirsi alla spiegazione di qualcun altro, perché non abbiamo il tempo di crearne una nostra. Ogni argomentazione che si rifà all'autorità è una metonimia in cui il nome dell'autore sta al posto della sua teoria; per questo il principio di autorità è così comodo, e non scomparirà mai.

La divulgazione scientifica, all'opposto dell'autorità scientifica, è prima di tutto una spiegazione completa di ciò che è accaduto nello spettacolo della natura. Tutti devono capirlo: dobbiamo dimenticare per un attimo la distinzione tra scienziati e altri, non perché non esista, ma perché non ha importanza nel dibattito pubblico, al di fuori della ricerca scientifica.

CONCLUSIONE 243

Cercare di convincere qualcuno con nuovi fatti, a un certo punto, è inutile. La quantità di informazioni non sarà mai sufficiente a fargli cambiare idea. Non sono infatti i fatti a formare le idee della gente, ma le teorie.

Come ci ha mostrato Galileo a p. 55, lo stesso fatto può essere spiegato in due modi diversi. Esiste un modo giusto o sono entrambi validi? Dal momento che la Terra gira intorno al Sole e non sta ferma, dobbiamo supporre che ci sia. Il dubbio deve essere solo una fase della ricerca, non la sua conclusione. Questo è ciò che Goethe, citato da Huxley (p. 180), chiama *dubbio attivo*.

Giordano Bruno dà un modo per distinguere quale idea può essere quella giusta: dice che le idee sono come la notte e il giorno, cioè che possono essere giudicate solo confrontandole l'una con l'altra (p. 40).

Quando facciamo divulgazione, dobbiamo trovare la teoria giusta tramite il confronto fra due, spiegando con precisione perché una è sbagliata e l'altra giusta, come hanno fatto Voltaire e Algarotti confrontando Cartesio e Newton (p. 98).

Inoltre, dobbiamo superare il problema del linguaggio. Occorre distinguere due fasi, quella della ricerca scientifica e quella della divulgazione dei risultati. La prima si svolge nel linguaggio scientifico internazionale, la seconda in lingua nazionale, o in un linguaggio più semplice. La comunità scientifica ha bisogno di lavorare utilizzando una lingua, ma questa lingua non è sempre la stessa del pubblico. Questo è un problema anche per chi sa già l'inglese come lingua madre, perché spesso i tecnicismi non sono sempre chiari.

In ogni discorso divulgativo, le metafore sono allora essenziali, perché non portano nuovi fatti nel discorso, ma raccolgono fatti già noti in un nuovo schema.

Ogni rivoluzione scientifica è una metafora nuova. Se una metafora non funziona, proviamone un'altra.

CRONOLOGIA

Capitolo 1

45 a.C. Cicerone scrive *De finibus bonorum et malorum*.

Circa 150 d.C. Tolomeo scrive il suo trattato astronomico, più tardi conosciuto come *Almagesto*.

632 Morte di Maometto.

661-750 *(circa 90 anni)* Gli Omayyadi governano il califfato.

Gli arabi conquistano la Spagna.

750-1258 *(circa 500 anni)* Gli Abbasidi governano il califfato.

A Baghdad vengono tradotti in arabo testi greci come l'*Almagesto*.

1085 In Spagna, la città di Toledo si arrende al re Alfonso IV.

1175 A Toledo, Gerardo di Cremona traduce l'*Almagesto* dall'arabo al latino.

1252 A Toledo, gli astronomi di Alfonso X compilano le Tavole Alfonsine.

Capitolo 2

1473 Nicolaus Copernico nasce a Toruń, in Polonia.

1492 Cristoforo Colombo scopre l'America.

1543 *De revolutionibus* di Copernico viene pubblicato a Norimberga.

Copernico muore.

1600 Giordano Bruno viene bruciato sul rogo.

Capitolo 3

1603 A Roma, Federico Cesi fonda l'Accademia dei Lincei.

1623 Galileo Galilei scrive *Il saggiatore*.

1630 Muore Federico Cesi. La prima Accademia dei Lincei chiude poco dopo.

1632 Galileo Galilei pubblica *Dialogo sopra i due massimi sistemi*. L'anno successivo abiurerà.

Capitolo 4

1644-1653 *(circa 10 anni)* A Londra, l'Invisible College tiene le sue riunioni.

1653 Oliver Cromwell instaura una repubblica in Gran Bretagna.

1660 Cromwell muore. Il re torna in Inghilterra.

Carlo II fonda la Royal Society.

1665 5 gennaio. Primo numero del *Journal des Savants*.

6 marzo. Primo numero delle *Philosophical Transactions*.

Capitolo 5

1686 Bernard de Fontenelle pubblica *Entretiens sur la pluralité des mondes*.

1704 Sir Isaac Newton pubblica il suo trattato *Opticks*.

1737 Francesco Algarotti pubblica *Newtonianismo per le dame*.

Il suo amico Voltaire pubblica *Éléments de la philosophie de Newton* l'anno dopo.

1732-1750 *(circa 20 anni)* L'abate Pluche pubblica gli otto volumi dell'opera *Le spectacle de la nature*.

1743 Sir Henry Baker pubblica *The Microscope Made Easy*.

Capitolo 6

1732-1757 *(25 anni)* Benjamin Franklin dirige il suo *Poor Richard's Almanack*.

4 luglio 1776 Dichiarazione di indipendenza degli Stati Uniti d'America.

1787-1799 *(12 anni)* Rivoluzione francese.

1800 William Chambers nasce a Peebles, in Scozia. Suo fratello Robert nasce due anni dopo.

18 giugno 1815 Battaglia di Waterloo e sconfitta definitiva di Napoleone.

1822 Robert Chambers pubblica *Traditions of Edinburgh*.

1832 Sabato 4 febbraio. Il primo numero del *Chambers' Edinburgh Journal*.

Sabato 31 marzo. Il primo numero del *Penny Magazine*.

1834 La parola *scientist* compare per la prima volta nella storia.

Capitolo 7

1831-36 Viaggio intorno al mondo di Charles Darwin sul Beagle.

1844 Il libro *Vestiges of the Natural History of Creation* viene pubblicato anonimo.

1859 Charles Darwin pubblica *L'origine delle specie*.

30 giugno 1860 Il dibattito di Oxford.

Capitolo 8

1861 Si dichiara il Regno d'Italia.

1869 4 novembre. Il primo numero di *Nature*.

Settembre 1870-Gennaio 1871 *(4 mesi)* Assedio di Parigi.

Gennaio 1873 Gaston Tissandier fonda *La Nature*.

Gennaio 1884-Giugno 1885 *(18 mesi)* Emilio Treves e Paolo Mantegazza lavorano a *La Natura*.

1924 Il dibattito su *Nature* sull'uso della parola *scientist*.

Bibliografia

Tutte le conversioni del valore storico delle valute nazionali sono state effettuate tramite i convertitori online forniti da The National Archives e Il Sole 24 Ore.

Capitolo 1

The Editors of Encyclopaedia Britannica. *Encyclopaedia Britannica*. 1/01/2022. URL: https://www.britannica.com/biography/Gerard-of-Cremona.

Bahry, Louay e Phebe A. Marr. *Encyclopaedia Britannica*. 5/05/2021. URL: https://www.britannica.com/place/Baghdad.

Helden, Albert Van. *Encyclopaedia Britannica*. 11/02/2022. URL: https://www.britannica.com/biography/Galileo-Galilei.

Rabbat, N. O. *Encyclopaedia Britannica*. 12/02/2021. URL: https://www.britannica.com/place/Damascus.

Balsdon, J., P.V. Dacre e John. Ferguson. *Encyclopaedia Britannica*. 14/02/2021. URL: https://www.britannica.com/biography/Cicero.

Peters, Christian Heinrich Friedrich e Edward Ball Knobel. «A revision of the Almagest». In: The Carnegie Institution of Washington, 1915.

Cicero, Marcus Tullius. *De finibus bonorum et malorum*. A cura di Nino Marinone. UTET, 1976.

Lindberg, David Charles. «Science in the Middle Ages». In: The University of Chicago Press, 1978. Cap. The Transmission of Greek and Arabic Learning to the West, pp. 52–90.

Conte, Gian Biagio. *Latin Literature: a history*. John Hopkins University Press, 1994.

Burnett, Charles. «The Coherence of the Arabic-Latin Translation Program in Toledo in the Twelfth Century». In: *Science in Context* 14.1/2 (2001), pp. 249–288.

Kenney, E. J. «Lucretian texture: style, metre and rhetoric in the De rerum natura». English. In: a cura di Stuart Gillespie e Philip Hardie. The Cambridge Companion to Lucretius, Cambridge. Copyright - Cambridge University Press; People - Epicurus (341-270 BC); Lucretius (Titus Lucretius Carus; Last updated - 2022-03-15. Cambridge: Cambridge University Press, 2007, pp. 92–110. URL: https://www.proquest.com/books/lucretian-

texture-style-metre-rhetoric-de-rerum/docview/
2137992786/se-2?accountid=13706.

Pedersen, Olaf. *A Survey of the Almagest*. A cura di Alexander Jones. Springer, 2011.

Kennedy, Hugh e Ken Burnside. *The Oxford Encyclopedia of the Islamic World. Oxford Islamic Studies Online*. 2022. URL: http://www.oxfordislamicstudies.com/article/opr/t236/e0001.

Marín, Manuela. *The Oxford Encyclopedia of Islam and Women. Oxford Islamic Studies Online*. 2022. URL: http://www.oxfordislamicstudies.com/article/opr/t355/e0085.

Morewedge, Parviz. *The Oxford Encyclopedia of Philosophy, Science, and Technology in Islam. Oxford Islamic Studies Online*. 2022. URL: http://www.oxfordislamicstudies.com/article/opr/t445/e242.

Watt, William Montgomery e Khaled M. G. Keshk. *The Oxford Encyclopedia of the Islamic World. Oxford Islamic Studies Online*. 2022. URL: http://www.oxfordislamicstudies.com/article/opr/t236/e0817.

Capitolo 2

Copernicus, Nicolaus. *De revolutionibus orbium coelestium*. Nuremberg: Johannes Petreius, 1543.

Bruno, Giordano. *Cena de le ceneri*. A cura di Giovanni Aquilecchia. Torino: Einaudi, 1955.

Kuhn, Thomas S. *The Copernican revolution*. Harvard University Press, 1957.

Cole, Richard. «Ptolemy and Copernicus». In: *The Philosophical Review* 71.4 (1962), pp. 476–482.

Kuhn, Thomas S. *The structure of scientific revolutions (2nd ed.)* The University of Chicago Press, 1970.

Beretta, Francesco. «Giordano Bruno e l'inquisizione romana. Considerazioni sul processo». In: *Bruniana & Campanelliana* (2001).

Gingerich, Owen e James MacLachlan. *Nicolaus Copernicus. Making the Earth a Planet*. Oxford University Press, 2005.

Aubenque, Pierre. *Encyclopédie Universalis*. 2021. URL: https://www.universalis.fr/encyclopedie/aristote/.

Seidengart, Jean. *Encyclopédie Universalis*. 2021. URL: https://www.universalis.fr/encyclopedie/giordano-bruno/.

Verdet, Jean-Pierre. *Encyclopédie Universalis*. 2021. URL: https://www.universalis.fr/encyclopedie/nicolas-copernic/.

Capitolo 3

Carutti, Domenico. *Breve storia dell'Accademia dei Lincei*. Reale Accademia, 1883.

Bolelli, T. «Lingua e stile di Galileo». In: *Nuovo Cimento* 5 (1955).

Morghen, R. «The Academy of the Lincei and Galileo Galilei». In: *Cahiers d'Histoire Mondiale. Journal of World History* 7.1 (1962), pp. 365–381.

Feyerabend, Paul K. *Against Method: Outline of an Anarchistic Theory of Knowledge*. New Left Books, 1975.

Battistini, Andrea. «Gli aculei ironici della lingua di Galileo». In: *Lettere Italiane* 30.3 (1978), pp. 289–332.

Enciclopedia Treccani. 2022. URL: https://www.treccani.it/enciclopedia/accademia-dei-lincei/.

Enciclopedia Treccani. 2022. URL: https://www.treccani.it/enciclopedia/giambattista-della-porta/.

Enciclopedia Treccani. 2022. URL: https://www.treccani.it/enciclopedia/galileo-galilei/.

Capitolo 4

Cocheris, Hippolyte. «Table du Journal des Savants». In: Paris: A. Durand, 1860. Cap. Histoire du Journal des Savants, pp. I–XI.

Lyons, Henry. *The Royal Society. 1660–1940*. Cambridge University Press, 1944.

Hall, Marie Boas. *Henry Oldenburg: Shaping the Royal Society*. Oxford University Press, 2002.

Spier, Ray. «The history of the peer-review process». In: *Trends in Biotechnology* 20.8 (2002).

Chapelle, Francis H. «The History and Practice of Peer Review». In: *Groundwater* 52 (2014).

Moxham, Noah. «Authors, Editors and Newsmongers: Form and Genre in the Philosophical Transactions under Henry Oldenburg». In: a cura di Joad Raymond e Noah Moxham. Brill, 2016.

Tan, Meng H. «Peer review – Past, Present and Future». In: *Medical and Scientific Publishing: Author, Editor, and Reviewer Perspectives*. A cura di Jasna Markovac, Molly Kleinman e Michael Englesbe. Elsevier Science Publishing, 2017, pp. 55–68.

Enciclopedia Treccani. 2022. URL: https://www.treccani.it/enciclopedia/antoine-furetiere/.

Hunter, Michael. *Encyclopaedia Britannica*. 24/01/2021. URL: https://www.britannica.com/topic/Royal-Society.

Morrill, John S. e Maurice Ashley. *Encyclopaedia Britannica*. 30/08/2021. URL: https://www.britannica.com/biography/Oliver-Cromwell.

Capitolo 5

Wood, Gordon S. e Theodore Hornberger. *Hurst, Harold Edwin and El-Kammash, Magdi M. and Smith, Charles Gordon*. 13/03/2022. URL: https://www.britannica.com/place/Nile-River.

Fontenelle, Bernard de. *Entretiens sur la pluralité des mondes*. A cura di BnF Gallica. Paris: Veuve C. Blageart, 1686.

Pluche, Noël-Antoine. *Le Spectacle de la nature, ou Entretiens sur les particularités de l'Histoire naturelle qui ont paru les plus propres à rendre les jeunes gens curieux et à leur former l'esprit*. A cura di BnF Gallica. 1764-1770. Vol. Tome 1. 8 tomes en 9 vol. Partie 1. Paris: Les frères Estienne, 1686.

Voltaire. *Elémens de la philosophie de Neuton*. Amsterdam: Etienne Ledet & Compagnie, 1738.

Baker, Henry. *The microscope made easy*. London: R. Dodsley at Tully's Head in Pall Mall, 1743.

Michelessi, Domenico. *Memorie intorno alla vita ed agli scritti del conte Francesco Algarotti*. Venezia: Giambatista Pasquali, 1770.

Algarotti, Francesco. *Dialoghi sopra l'ottica neutoniana*. A cura di Ettore Bonora. Torino: Einaudi, 1977.

Mortureux, Marie-Françoise. *La formation et le fonctionnement d'un discours de la vulgarisation scientifique au XVIIIème siecle à travers l'oeuvre de Fontenelle*. Paris: Didier Erudition, 1983.

Arato, Franco. «Intorno al "Newtonianismo". Quattro lettere inedite di Francesco Algarotti». In: *Giornale Storico della Letteratura Italiana* 164.528 (1987), pp. 556–569.

Arato, Franco. «Il "secolo delle cose": il Newtonianismo di Francesco Algarotti». In: *Giornale Storico della Letteratura Italiana* (1990), p. 505.

Govoni, Paola. *Un pubblico per la scienza. La divulgazione scientifica nell'Italia in formazione*. Roma: Carocci, 2002.

Salucci, Alessandro. «La metafora del libro della natura in Galileo Galilei». In: *Angelicum* 83.2 (2006), pp. 327–375.

Castonguay-Bélanger, Joël. «À l'ombre de Fontenelle. Dissémination du discours scientifique par la fiction au XVIIIe siècle». In: *Littératures classiques* 3.85 (2014), pp. 171–187.

Cavazza, Marta. «La scienza al femminile». In: *Il sapere scientifico in Italia nel secolo dei lumi*. A cura di G. Sironi, A. Conte e G. A. Danieli. Istituto Veneto di Scienze, Lettere ed Arti, 2015.

Enciclopedia Treccani. 2022. URL: https : / / www . treccani.it/enciclopedia/francesco-algarotti/.

Encyclopédie Larousse. 2022. URL: https : / / www . larousse.fr/encyclopedie/personnage/sir_Isaac_ Newton/135134.

Krauss, Werner. *Encyclopédie Universalis*. 2022. URL: https://www.universalis.fr/encyclopedie/bernard-de-fontenelle/.

Watson, Richard A. *Encyclopaedia Britannica*. 27/03/2022. URL: https://www.britannica.com/biography/Rene-Descartes.

Westfall, Richard S. *Encyclopaedia Britannica*. 27/03/2022. URL: https://www.britannica.com/biography/Isaac-Newton.

Capitolo 6

Wood, Gordon S. e Theodore Hornberger. *Encyclopaedia Britannica*. 13/01/2022. URL: https://www.britannica.com/biography/Benjamin-Franklin.

Saunders, Richard. *Poor Richard, 1733. An Almanack*. Philadelphia: Benjamin Franklin, 1732.

Chambers' Edinburgh Journal I (1832-1833).

Chambers, William. *Memoir of Robert Chambers*. New York: Charles Scribner, 1872.

– *Story of a Long and Busy Life*. Edinburgh e London: W. & R. Chambers, 1882.

Franklin, Benjamin. *Autobiography*. London: Hutchinson & Co., 1903.

Blagden, Cyprian. «The Distribution of Almanacks in the Second Half of the Seventeenth Century». In: *Studies in Bibliography* 11 (1958), pp. 107–116.

Feldberg, Michael. «Knight's "Penny Magazine" and "Chambers's Edinburgh Journal": A Problem in Writing Cultural History». In: *Victorian Periodicals Newsletter* 1.3 (1968), pp. 13–16.

Bennett, Scott. «The Editorial Character and Readership of "The Penny Magazine": An Analysis». In: *Victorian Periodicals Review* 17.4 (1984), pp. 127–141.

Cuaz, Marco. «Almanacchi e "Cultura media" nell'Italia del Settecento». In: *Studi Storici* 2 (1984), pp. 353–361.

Anderson, Patricia J. «Pictures for the People: Knight's "Penny Magazine", an Early Venture into Popular Art Education». In: *Studies in Art Education* 28.3 (1987), pp. 133–140.

Govoni, Paola. *Un pubblico per la scienza. La divulgazione scientifica nell'Italia in formazione*. Roma: Carocci, 2002.

Armand, Guilhem. «Le spectacle de la nature ou l'esthétique de la révélation». In: *Société Française d'Étude du Dix-Huitième Siècle* 1.45 (2013), pp. 329–345.

Kaspi, André. *Encyclopédie Universalis*. 2021. URL: www . universalis . fr / encyclopedie / benjamin - franklin/.

Favier, Jean. *Encyclopédie Universalis*. 2022. URL: https : / / www . universalis . fr / encyclopedie / almanach/.

Capitolo 7

Paley, William. *Natural Theology, or Evidences of the Existence and Attributes of the Deity*. London: R. Faulder, 1802.

Vestiges of the Natural History of Creation. London: John Churchill, 1844.

Whewell, William. *Indications of the Creator*. John W. Parker, 1845.

Darwin, Charles. *On the Origin of Species by Means of Natural Selection*. London. John Murray, 1859.

Huxley, Thomas Henry. «Darwin on the origin of species». In: *The Times* darwin-online.org.uk (1859), pp. 8–9.

G., W. S. «The British Association at Oxford». In: *Bentley's Miscellany* 48 (1860), pp. 283–301.

Wilberforce, Samuel. «Review of *On the origin of species, by means of natural selection* by Charles Darwin». In: *Quarterly Review 108:* . darwin-online.org.uk.108 (1860), pp. 225–264.

Blinderman, Charles S. «The Oxford debate and after». In: *Notes and Queries* (1957), pp. 126–128.

Lucas, J. R. «Wilberforce and Huxley: A Legendary Encounter». In: *The Historical Journal* 22.2 (1979), pp. 313–330.

Jensen, J. Vernon. «Return to the Wilberforce-Huxley Debate». In: *The British Journal for the History of Science* 21.2 (1988), pp. 161–179.

Schwartz, Joel S. «Darwin, Wallace, and Huxley, and "Vestiges of the Natural History of Creation"». In: *Journal of the History of Biology* 23.1 (1990), pp. 127–153.

Caudill, Edward. «The Press and Tails of Darwin: Victorian Satire of Evolution». In: *Journalism History;* 20.3 (1994), pp. 107–115.

Fara, Patricia. «Pictures of Charles Darwin». In: *Endeavour* 24.4 (2000).

Secord, James A. *Victorian Sensation: The Extraordinary Publication, Reception, and Secret Authorship of* Vestiges of the Natural History of Creation. Chicago e London: The University of Chicago Press, 2000.

Browne, Janet. «Darwin in Caricature: A Study in the Popularisation and Dissemination of Evolution». In: *Proceedings of the American Philosophical Society* 145.4 (2001), pp. 496–509.

– «Charles Darwin as a Celebrity». In: *Science in Context* 16.1/2 (2003), pp. 175–194.

Casini, Paolo. *Darwin e la disputa sulla creazione.* Bologna: Il Mulino, 2009.

Gregory, T. Ryan. «The Argument from Design: A Guided Tour of William Paley's *Natural Theology*». In: *Springer Science* (2009).

Debras, Camille. «À quel(s) public(s) s'adresse Darwin ? L'Origine des Espèces, entre ouvrage scien-

tifique, œuvre littéraire, et texte de vulgarisation».
In: *Cahiers victoriens et édouardiens* 71 (2010).

Kaalund, Nanna Katrine Lüders. «Oxford Serialized: Revisiting the Huxley-Wilberforce debate through the periodical press». In: *History of Science* 52.4 (2014), pp. 429-453.

Shafe, Laurence. «An Exploration of Darwin's Beard». In: *Victorian Review* 41.2 (2015), pp. 24-27.

Coll, Fiona e Jennifer Esmail. «"I Wonder What a Chimpanzee Would Say to This?": Speaking Apes in Late-Victorian Culture». In: *Victorian Review* 46.2 (2020), pp. 255-275.

Darwin, Charles. *Darwin Correspondence Project.* URL: www.darwinproject.ac.uk.

Capitolo 8

Lessona, Michele. *Conversazioni scientifiche.* Emilio Treves, 1869.

Nature. A weekly illustrated journal of science I (1869-1870).

La Nature revue des sciences et de leurs applications. I (1873).

La Natura, rivista delle scienze e delle loro applicazioni alle industrie e alle arti I (1884).

Macmillan, Alexander. *Letters of Alexander Macmillan*. A cura di George A. Macmillan. Glasgow: Robert Maclehose, 1908.

Ross, Sydney. «Scientist: The story of a word». In: *Annals of Science* 18.2 (1962), pp. 65–85.

Lopez, Guido. «Infanzia e giovinezza di un grande editore : Emilio Treves». In: *La Rassegna Mensile di Israel* 36 (1970), pp. 213–231.

Bensaude-Vincent, Bernadette. «Un public pour la science : l'essor de la vulgarisation au XIXe siècle». In: *Réseaux* 58 (1993).

Govoni, Paola. *Un pubblico per la scienza. La divulgazione scientifica nell'Italia in formazione*. Roma: Carocci, 2002.

Bensaude-Vincent, Bernadette. «Splendeur et décadence de la vulgarisation scientifique». In: *Les cultures des sciences en Europe* 17 (2010), pp. 19–32.

Garbarino, Carla e Paolo Mazzarello. «A strange horn between Paolo Mantegazza and Charles Darwin». In: *Elsevier* (2013).

Baldwin, Melinda. *Making "Nature". The History of a Scientific Journal*. The University of Chicago Press, 2015.

CREDITI PER LE IMMAGINI

Fig. 2.1: Nicolai Copernici Torinensis, *De revolutionibus orbium coelestium libri VI.* Polona (Public Domain)

Fig. 4.1: *The Royal Society: Coat of Arms.* Wellcome Collection (CC-BY 4.0)

https://www.europeana.eu/en/item/9200579/fttqha6d

Fig. 6.2: Franklin, Benjamin, *Poor Richard's improved almanack.* Gettysburg College on archive.org (Public Domain)

Fig. 4.3: Title page to volume 1 of *Philosophical Transactions* (1665-1666) from the archive of the Royal Society. Wikimedia Commons (CC-BY 4.0)

Fig. 5.2: Oeuvres diverses de M. de Fontenelle, Nouvelle édition augmentée. Dialogues des morts. Jugement de Pluton. Entretiens sur la pluralité des mondes. Histoire des oracles. Oeuvres mêlées by Fontenelle, Bernard de (1657-1757). Auteur du texte. National Library of France, France (No Copyright. Other Known Legal Restrictions)

https://www.europeana.eu/en/item/9200520/1 2148_bpt6k15236992

Fig. 5.3: *Il Newtonianismo per le dame, ovvero dialoghi sopra la luce e i colori.* Wellcome Library on archive.org (Public Domain)

Fig. 5.4: Voltaire, *Elémens de la philosophie de Neuton*, EPFL Library on archive.org (Public Domain)

Fig. 5.5: Voltaire, *Elémens de la philosophie de Neuton*, EPFL Library on archive.org (Public Domain)

Fig. 5.8: Baker, Henry. *The Microscope Made Easy*, Science History Institute (Public Domain)

https://digital.sciencehistory.org/works/gkw2jwq

Fig. 6.1: *Poor Richard. An Almanack.* 1849. Photograph. Retrieved from the Library of Congress (No known restrictions on publication)

https://www.loc.gov/item/2005692067/

Fig. 6.3: *Chambers' Edinburgh journal*, conducted by William Chambers. HathiTrust (Public Domain)

Fig. 6.4: *The Penny Magazine* of the Society for the Diffusion of Useful Knowledge. Wellcome Collection (Public Domain)

Fig. 7.2: *Punch*, 18 May 1861, 'Monkeyana'. Wellcome Collection (CC BY 4.0)

Fig. 7.3: *Punch*, 25 May 1861, 'The Lion of the Season'. Wellcome Collection (CC BY 4.0)

Fig. 8.1: First title page of the scientific journal *Nature*, November 4, 1869. Wikimedia Commons (Public Domain)

Fig. 8.4: *La Nature revue des sciences et de leurs applications.* Vol. 4 (Dec. 1875 – Nov. 1876). HathiTrust (Public Domain. Digitized by Google)

Fig. 8.7: *La natura, rivista delle scienze e delle loro applicazioni alle industrie e alle arti.* Biblioteca Nazionale Centrale di Roma. Play Books (Digitized by Google)

Ti è piaciuto questo libro?
Lascia una recensione!

www.ingramcontent.com/pod-product-compliance
Lightning Source LLC
Chambersburg PA
CBHW052344220526
45465CB00003BA/949